Korean
Military
Commentary

국방부 출입기자 10년의 취재파일

한국군 코멘터리

초판 1쇄 발행일 2013년 11월 11일 ● 초판 2쇄 발행일 2013년 11월 25일
지은이 박성진 ● 펴낸곳 (주)도서출판 예문 ● 펴낸이 이주현
기획 정도준 ● 편집 홍대욱 · 김유진 ● 디자인 김지은 ● 관리 윤영조 · 문혜경
등록번호 제307-2009-48호 ● 등록일 1995년 3월 22일 ● 전화 02-765-2306
팩스 02-765-9306 ● 홈페이지 www.yemun.co.kr
주소 서울시 강북구 미아동 374-43 무송빌딩 4층

© 2013 박성진
ISBN 978-89-5659-215-2 (03390)

한국군 코멘터리

Korean
Military
Commentary

국방부 출입기자
10년의 취재파일

박성진 지음

예문
yemun

　　속담에 '신선놀음에 도끼자루 썩는 줄 모른다'고
하더니 기자란 직업을 선택한 후 세월이 어떻게 흐르는 줄 모르고 살아
왔다. 속담과 다른 것은 신선놀음처럼 우아한 데 빠져 세월을 잊은 게 아
니라 사건을 정신없이 쫓다 보니 가정을 제대로 돌볼 새도 없이 시간이
많이 흘렀다는 점이다.

　인생이 '쫓김'의 연속이었다. 어렸을 적에는 방학 때마다 개학을 앞두
고 방학숙제를 쫓기듯 '초치기'로 했던 기억이 있다. 대학에 들어가면서
부터는 본격적인 '쫓김'의 인생이 시작됐다. 대학에서 발행하는 신문을
만드는 대학생 기자가 되면서부터다.

　비록 일주일에 한 번씩 만드는 대학 신문이었지만 마감 시간의 압박은
대단했다. 그러던 것이 대학 졸업 후 본격적인 신문기자의 길로 들어섰
고, 매일 매일을 마감과의 전쟁에 투입되는 '전사'가 되면서 쫓김의 인생
은 지금도 계속되고 있다.

　기사를 쓰면서 필요한 자료 같은 것을 찾거나 취재원과 전화 통화 등을
하다 보면 마감 시간이 후딱 다가오고, 갑자기 생각이 막히기도 한다. 그
러다 보면 마음은 더욱 초초해진다. 이때 회사 데스크로부터는 기사를
빨리 보내라고 재촉하는 전화가 빗발치면 그야말로 줄담배만 뻑뻑 빨아

대면서 패닉 상태에 빠졌던 경험도 있다.

초년병 체육부 기자 시절에는 야구장에서, 축구장에서 마감 시간에 쫓기면서 경기가 빨리 끝나주기만을 바랐던 적도 있다. 심지어 고육지책으로 특정 팀이 이겼을 때와 비겼을 때, 졌을 때 등 3가지 경우의 기사를 미리 써놓고 경기가 끝나자마자 스코어만 붙여서 기사를 보낸 적도 있다. 그만큼 기사 작성은 시간과의 싸움이었다. 이는 스포츠 경기장뿐만 아니라 사건 현장에서도 마찬가지다.

상당 기간 동안 외교·안보 분야를 담당했던 기자 생활도 마찬가지이다. 내 나이 먹은 것도 모르다가 군문에 들어선 친구들이 이제는 별을 달고 장군 지휘봉을 휘두르고 있다고 하니 세월이 많이 흘렀음을 느끼고 있다.

기자 생활 중 군 관련 기사를 가장 많이 써왔다는 것도 국방장관의 집무실에서 감사패를 전달받고 알았다.

감사패에 적힌 기간을 보니 2001년 초부터 2011년 말까지 군을 출입했다고 적혀 있었다. 그 중간에 공백기도 있었다. 이명박 대통령의 서울시장 시절 서울시청을 출입했고, 한때는 국회도 출입하다 다시 국방부로 돌아갔기 때문이다. 공보장교들이 흔히 말하는 국방부 '재수생 기자'였다.

그러고 보니 군 취재를 하면서 일반인이라면 가기 힘든 장소를 참으로 많이 돌아다녔다. 판문점을 비롯한 최전방은 물론 웬만한 군부대는 전국 방방곡곡 안 가본 곳이 없는 것 같다. 백령도 군 부대는 물론 해군의 전략 무기인 잠수함 안으로도 들어가 봤다.

한반도 유사시 유엔군의 후방 기지인 일본의 군사기지 여러 곳도 방문했다. 미 정부의 초청으로 펜타곤(미 국방부)과 하와이의 미 태평양사령부를 다녀오기도 했다. 많은 곳을 다니고 경험하다 보면 군 출입 기자로서 듣고 보고 배운 게 많지 않을 수가 없다. 회사에서 데스크 업무를 맡고 있는 지금도 군 관련 블로그인 '박성진의 군 이야기'를 운영하다 보니 이곳저곳에서 군의 소식이 들려오고 있다.

사람들은 군에 대한 막연한 자신의 생각을 늘어놓는 경우가 많다. 어떤 이는 군 복무 시절의 경험으로, 어떤 이는 정체 모를 거부감으로, 또 어떤 이는 근거 없는 상상력으로 말이다. 이들에게 논문처럼 딱딱하게 군대를 설명하고 싶지 않아서 10여 년간의 군 출입 경험을 바탕으로 '장님 코끼리 만지기' 식의 단편적인 정보나 단상의 쪼가리들을 만들어봤다. 이것들을 모자이크하듯 짜 맞춰나가면 어설프나마 한국군의 과거와 현재, 미래가 색다른 시각으로 눈에 그려지지 않을까 싶다.

군 입대를 앞둔 젊은이에게, 과거의 군과 현재의 군이 어떻게 바뀌었는지 궁금한 이에게, 한국군의 정체를 알고 싶은 이들에게 이 책을 권하고 싶다. 특히 여군들에게도 일독을 부탁하기 위해 여군에 대한 부분을 많이 할애했다.

이 책의 내용이 마치 신문의 특종처럼 잘 쓰이고, 잘 묘사되고, 그러면서도 독자에게 왜 그 사실을 알아야 하고 그 사실의 의미는 무엇인가를 깨우쳐주는 글은 아니지만 한국군에 대한 재미있는 정보는 주지 않을까 싶다.

2013년 10월
박성진

목차_____

육군 이야기

지상군 페스티벌

육군은 매년 가을이면 계룡대에서 지상군 페스티벌을 개최한다. 이제는 해외 관광객들도 지상군 페스티벌 행사장을 찾고 있다. 국내뿐만 아니라 국제적인 축제로 발전하고 있는 것이다.

관람객이 늘어나다 보니 인기 있는 체험 시설은 1시간 가까이 줄을 서 기다려야 한다. 고공 막타워, 단정 도하, 세 줄 타기, 인공 암벽 등반, 수류탄 투척, 서바이벌 사격 등 체험 시설은 에버랜드나 롯데월드 놀이 시설 못지않은 인기를 누리고 있다.

군의 비상활주로에는 최신 무기 장비와 장갑차 등 각종 장비의 탑승 체험, 무기 기동 시범 등도 선보이는데 모두 관람객의 관심을 끌기에 충분하다. 군 병영 시설도 화려한 축제의 장으로 얼마든지 변신할 수 있다는 것을 보여주는 사례다.

민과 군이 함께하는 국내 축제의 원조는 진해 군항제다. 1964년부터 시작한 군항제에서는 벚꽃이 만발한 4월 개화 시기와 맞물려 다채로운 문화 행사가 진행된다. 군항제는 이제 도시의 축제 행사로 발전했다.

계룡대의 지상군 페스티벌도 많은 경험이 축적되고 지방자치단체와 연계한 다양한 문화 행사가 합쳐지면 진해 군항제와 쌍벽을 이루는 민·군 문화 축제로 발전할 수 있는 가능성이 얼마든지 있다.

군항제와 지상군 페스티벌과는 성격이 다르지만 군과 관련한 관광 상품들도 속속 등장하고 있다. 대표적인 것이 경기 포천에 있는 승진훈련 장의 공개다. 위용을 자랑하며 등장한 전차들과 공중에서 나타난 공격 헬기의 강력한 화력 시범을 민간인들이 직접 볼 수 있게 된 것이다.

'승진훈련장 안보 견학 상품'이 선을 보인 이후 훈련장에서 500여 미터 떨어진 1천 석 규모의 관람석에서는 전차와 곡사포가 굉음을 내며 포탄을 발사할 때마다 탄성이 터지고 있다. 헬기 귀환 때에는 우레와 같은 박수가 쏟아지곤 한다.

안보 관광 상품은 지방자치단체의 경제 활성화에 도움이 될 뿐만 아니라 국군의 위용과 훈련 내용을 적극 홍보할 수 있는 이점이 있다.

널문리

판문점의 공식 명칭은 공동경비구역(JSA, Joint Security Area)이다. 판문점은 이 지역의 이름을 말한다. 남한의 행정구역상으로는 '경기도 파주시(구 경기도 장단군) 진서면 어룡리'이다. 북한 행정구역상으로는 '개성직할시 판문군 판문점리'지만 남북한의 행정 관할권에 속하지 않는 특수한 지역이다. 서울에서 서북방으로 62km, 북한의 평양에서 남쪽으로 215km, 개성시에서는 10km 떨어져 있다.

원래 판문점은 6·25 전에는 널문(板門)이라는 지명으로, 초가집 몇 채

만 있던 외딴 마을이었다. '널문리'는 임진왜란 당시 피난길에 오른 선조 임금이 하룻밤을 머물고 간 곳이기도 하다. 이곳을 판문점이라고 부르게 된 것은 정전회담에 참석한 중국군 대표들이 이곳을 쉽게 찾아보게 하기 위해 당시 회담 장소 부근에 있던 주막을 겸한 가게(店)를 한자로 적어 '판문점'(板門店)으로 표기한 데서 비롯됐다. 토정 이지함 선생도 널문리가 지금처럼 변하게 될 것을 일찌감치 예언했다고 한다.

오늘날의 판문점은 유엔사 측과 공산 측(북한, 중국)이 군사정전위원회 회의를 원만히 운영하기 위해 1953년 10월 군사정전위원회 본부 구역 군사분계선(MDL)에 설치한 동서 800m, 남북 600m의 장방형 지대이다. 판문점은 공식적으로 유엔군과 북한군의 공동경비구역이라고 불리며 남북한 쌍방의 행정 관할권 밖에 있으며 정전협정에 따라 유엔사가 관할하는 특수 지역인 셈이다.

판문점 공동경비구역 남측 지역에는 대성동 '자유의 마을'이 있으며, 자유의 마을에서 직선거리로 1.8km 떨어진 비무장지대 북쪽 구역에는 '기정동 마을'이 있다.

비무장지대 안에 있는 판문점을 지키는 가장 가까운 군사 시설은 유엔사령부 관할 미군 기지 캠프 보니파스(Camp Bonifas)다. 비무장지대 400m 남쪽에 있다. 1976년 8월 판문점 도끼 만행 사건으로 숨진 아서 G. 보니파스 대위의 이름을 땄다. 기지 내에 있는 한 홀짜리 파3(195야드) 골프 코스는 지뢰로 둘러싸여 있고, 공이 일단 러프로 들어가면 찾을 수도 없어 세상에서 '가장 위험한 코스'라고 미 군사전문지 〈성조〉가 보도한 이후, 잊을 만하면 외국 언론이 한 번씩 다시 소개해 유명해졌다. 손

남쪽에서 바라본 공동경비구역

에서 벗어난 골프채가 러프에 빠지는 바람에 400달러짜리 새 장비를 포기해야 했던 미군도 있었다. 실제 지뢰 폭발도 한 차례 있었다.

주한미군 일부 요원과 중립국 감시단이 주둔했던 캠프 보니파스는 이제 한국군이 경비 책임을 지고 있다.

판문점 공동경비구역은 예전에는 주로 휴전을 관리하는 장소로 이용되었으나, 1971년 9월 20일 열린 남북적십자 예비회담을 계기로 군사정전위원회의 회담 장소뿐 아니라 남북한의 접촉과 회담을 위한 장소 및 남북을 왕래하는 통과 지점으로도 활용되어 왔다.

공동경비구역에는 1976년 이전까지만 해도 군사분계선이 그어지지 않아 양측 경비병과 출입 민간인들이 자유롭게 통행할 수 있었다. 1976년 8월 18일 북측의 도끼 만행 사건이 발생한 이후 양측 군인들 간의 충돌을 방지하기 위해 이 지역 내에 군사분계선을 표시하고 같은 해 9월 16일부터 이를 경계로 양측이 각각 분할 경비를 맡게 되었다. 이후 개정 규정에 의해 경비 요원은 각각 장교 5명과 30인 이내의 병사로 정해졌다. 특히 북측 경비 요원들은 전원 대남 심리부대인 적공조 요원이다. 이들은 하전사(병사) 계급장을 달고 있다 하더라도 실제 신분은 군관(장교)인 것으로 알려졌다.

판문점 옆에는 군사분계선을 따라 '사천강'이 흐르고 있다. 이 강을 가로질러 남측 지역과 북측 지역을 연결하는 다리가 놓였는데 '돌아오지 않는 다리'라고 불린다. 그것은 정전 직후 전쟁 포로 교환이 이곳에서 이뤄졌기 때문이다. 이때 포로들이 다리 위에서 남쪽이든, 북쪽이든 일단 방향을 선택하면 다시는 돌아갈 수 없었다.

이후 '돌아오지 않는 다리'는 북측이 판문점으로 들어오는 유일한 통로였는데 8·18 사건으로 쌍방이 군사분계선을 넘지 못하게 되자 북측은 이 다리를 이용할 수가 없게 됐다. 이 때문에 북측은 새로운 다리를 만들어야 했다. 이 다리는 72시간 만에 만들어졌고, 유엔사 측에서는 '72시

북한군 경비병들이 판문점을 방문한 커티스 스카파로티 주한미군 사령관 일행을 창문 밖에서 살피고 있다.

간 다리'라는 이름으로 부르고 있다.

JSA 부대원의 자격

JSA 경비대대 부대원의 부대 운영과 훈련은 육군본부 충원 계획에 따라 다르지만 매주 수요일 한 달 평균 3, 4회 정도 306보충대에서 뽑힌다.

JSA 경비대대 선발 자격 기준은 전문대 재학 또는 동등 이상의 학력 소지자로 키 174cm 이상, 신체 등급은 2등급 이상. 안경 미착용자(나안시력 0.8 이상)여야 한다. 1999년부터 100퍼센트 공개 모집하면서 선발 절차가 더욱 까다로워졌다. 1차로 306보충대에서 신체 조건, 가정환경, 학력, 인성 검사 등 선발 자격 조건을 충족하는 인원을 선별한 후 다시 각 사단 신교대대에서 체력 검정과 면담, 신체검사를 통해 엄선한다. 마지막 3차는 JSA 경비대대 자체 심의로 소대장 및 조교의 개인 평가와 함께 면담 후 최종 선발한다. 수차례 검증을 거쳐 뽑힌 병사들은 JSA 경비대대에서 신병 교육 3주를 받는다. 신교대대 신병 교육 5주까지 합치면 8주간 신병 교육을 받는 셈이다.

JSA 경비대대원의 소속은 유엔사였다가 2004년 11월 1일부로 한국군이 경비대대 임무를 환수한 이후 육군 3군사령부 직할 경비대대로 바뀌었다.

공동경비구역 경비대대원의 주요 업무는 판문점 공동경비구역과 캠프 보니파스 경비, 관측소(OP) 관리와 비무장지대(DMZ) 정찰 등이다. 영화에서처럼 판문점에서 북한군과 마주보고 장시간 서서 근무하는 것도 경비대 근무의 일부이다. 대원들은 비무장지대 관람과 공동경비구역 관광 프로그램도 운영한다.

공동경비구역은 남북한 경비병이 무장 상태로 경계 근무를 서는 곳이어서 24시간 긴장을 늦출 수 없다. 코앞에서 대치하고 있는 북한 경비병들과 기 싸움에서 눌리면 안 된다. 이들은 건물 점거, 총격전 등 다양한 상황의 시나리오를 만들어 놓고 실전과 다름없는 전술훈련을 한다. 대부분의 병사가 권총, 중화기, 대공화기 등 7, 8종의 무기 조작에 숙달돼 있다. 경비대대 전원이 특등사수다.

대원들은 군인 평균 이상의 체력은 기본이다. 주한 미 2사단이 카투사들에게 체력 테스트(PT)에서 총점 210점 이상을 요구하는데 비해 JSA 근무자는 270점을 넘어야 한다. 300점 만점자는 PT 마스터라고 부르는데 JSA 대원들 상당수가 여기에 해당된다. 22~26세 병

비무장지대 수색 정찰용으로 시범 운용하고 있는 육군의 산악용 오토바이크

사가 PT 마스터라면 팔굽혀펴기와 윗몸일으키기를 2분 안에 각각 75개, 80개 이상 해야 한다. 또 2마일(3.2km) 달리기를 13분 이내에 주파할 수 있어야 한다.

러시아 훈련장

군의 작전 범위가 광역화되고 있지만 이에 걸맞은 대규모 훈련장이 없는 게 한국군의 현실이다. 특히 전차 부대 훈련의 경우 여단급 기갑 부

대 간 전술훈련을 실시하려면 2개 기갑여단이 동시에 기동하기 위한 넓은 지역이 필요하다. 그러나 대규모 훈련에 따른 민간인들의 민원이 늘기 때문에 전차 부대 훈련은 주로 대대급으로 이뤄진다. 육군 관할의 포천 승진훈련장과 인제의 과학화 훈련장도 규모가 작아 연대급까지만 이용할 수 있다.

여단급 이상 훈련을 하려면 훈련 부대가 민간 도로를 이용해야 하기 때문에 지휘관들은 안전에 최우선 가치를 둘 수밖에 없다. 이는 교리에 따른 훈련을 제대로 할 수 없는 결과로 이어진다.

실제로 전차 사격 훈련을 하다 포탄이 바위에 비껴 맞아 민가 지역에 떨어지거나 기동 중 전차의 포신이 민간인 가게의 간판을 때려 부수는 사고가 나기도 한다. 논밭이 전차와 중장비 등으로 뭉개지기라도 하면 모두 보상해줘야 한다.

야포 사격 훈련도 넓은 훈련장이 필요하다. 야포 사격 훈련은 사격하는 진지와 포탄이 떨어지는 표적 지역까지의 거리가 20~30km에 달하기 때문이다. 육군의 유일한 야포 사격장인 경기 연천군 다락대 사격장은

K-9 자주포가 훈련장에서 화력 시범을 보이고 있다.

야포 진지와 사격장 사이에 민가 지역이 있다.

육군은 한때 러시아군 훈련장을 임대하는 방안을 검토했다. 러시아 극동에는 국내엔 없는 50km × 30km 초대형 규모의 훈련장 3곳이 있다. 육군은 러시아 하바롭스크 극동군관구 사령부 측에 훈련장 임대 가능성을 타진했고 긍정적 반응을 얻어냈으나 여러 난관에 부딪혔다.

해외 훈련장으로 가려면 난관도 많다. 당장 무게가 50톤이나 되는 전차와 같은 전투 장비를 옮기기도 쉽지 않다. 야포와 트럭 등의 중장비까지 가세하면 수송해야 할 물량은 엄청나게 늘어난다. 게다가 해상 수송 후 블라디보스토크 항에서 하바롭스크까지는 공중 수송을 해야 한다. 이런 문제점을 감안해 나토(북대서양조약기구) 국가와 같이 전차를 해외 훈련장에 항상 배치해 두고 인원만을 파견해 훈련하는 방안도 나왔다.

그러나 동맹국인 미국의 반응도 좋지 않고 북한과 중국을 자극할 우려가 있는데다 현실적인 비용 문제가 걸림돌이 돼 해외 훈련장 임대는 검토로 끝나고 말았다.

국내 훈련장이 좁아 해외에서 훈련하는 사례는 꽤 있다. 일본은 미국까지 가서 각종 훈련을 하고 있고, 도시 국가인 싱가포르는 공군 전투기의 훈련을 해외에서 실시하고 있다.

DMZ의 힐링캠프

힐링이 유행이다. 공기 좋고 물 맑은 곳에 가면 자연스럽게 힐링이 되기 마련이다. 그렇다면 노루 사슴까지 자유롭게 뛰노는 비무장지대

(DMZ)는 자연 환경만 놓고 본다면 힐링을 하는 데는 최적의 장소이다. 남북을 갈라놓고 있는 군사분계선을 중심으로 자리 잡은 DMZ는 서쪽으로 예성강과 한강 어귀의 교동도에 서부터 개성 남쪽의 판문점을 지나 중부의 철원 김화를 거쳐 동해안 고성의 명호리에 이르는 248km(155마일)의 길이로 한반도를 가로지르고

중감위 스위스 전 대표인 장 자크 요스 예비역 장군이 판문점에 근무하던 2010년 첫 딸 유진을 안고 있다.

있다.

비무장지대 안에서 살면 아침이면 새소리에 눈을 뜨고, 창문을 열면 폐 깊숙한 곳까지 스며드는 맑은 공기에 젊음을 되찾을 것 같은 기분을 느낄 수 있다.

비무장지대가 힐링 장소로는 최고라는 증거는 중립국 감독위원회 스위스 전 대표인 장 자크 요스 예비역 장군이다. 그는 2007년 10월부터 2010년 12월까지 판문점 중립국 감독위원회(중감위) 스위스 대표로 복무하다 귀국했다. 요스 장군의 뒤를 이은 스위스 대표는 우르스 게르버 소장이다.

한국에서 근무하는 스위스 장교 5명 중 최고위직이었던 그는 2010년 한국 나이 58세에 첫 딸을 얻었다. 그의 딸 유진은 스위스를 비롯해 유럽 지역의 언론에서도 '평화의 아이' '장군의 딸' 등으로 크게 소개했다.

중감위 스위스 군인들이 지내는 비무장지대 안 스위스 캠프의 빨간 나무집 모습

비무장지대 중감위 스위스 캠프 앞에 해먹이 설치돼 있다.

주변에서는 비무장지대의 맑은 공기와 물, 아름다운 자연 환경이 그에게 젊음의 에너지를 준 덕분이라고 떠들어댔다. 실제로 통일이 되면 비무장지대의 물과 공기도 힐링 상품이 되고 힐링 센터도 생길지 모를 일이다.

현재 스위스 군인들이 지내는 비무장지대 내의 빨간 나무집은 마치 알프스 동화에 나오는 풍경처럼 예쁘다. 1953년부터 지금까지 한국의 판문점 중감위에서 근무한 스위스 군인은 300여 명 정도 된다. 영화 〈공동 경비구역 JSA〉에서 이영애 씨가 연기한 소피 장 역시 중감위가 파견한 스위스 국적의 책임 수사관이었다.

군사분계선에서 300m 떨어진 중감위 스위스 캠프에서는 2013년 10월 평화를 염원하는 피아노 3중주가 열리기도 했다.

중립국 감독위원회는 1953년 체결된 정전협정에 의해 만들어졌고 유엔군 사령부 군사정전위원회 소속이다. 원래 중감위는 스위스와 스웨덴, 체코슬로바키아, 폴란드 등 4개국으로 구성돼 있다가 체코슬로바키아가 체코와 슬로바키아로 분리된 뒤 중립국 승계를 하지 않기로 했고, 폴란드도 대표가 상주하지는 않고 있다.

남한과 북한의 관계를 통제하는 역할을 맡고 있는 중감위 대표단은 매일 24시간 교대 근무하며 남북한 군사 동향, 군 장비 이동 등의 변화를 유엔군 사령부에 보고한다. 탈북한 북한군 병사 면담도 업무 중 하나다.

해군·해병대 이야기

한국 해군에도 탑건이 있다

일반적으로 '탑건'(Top Gun)은 우수
한 전투기 조종사를 부르는 말로 쓰인
다. 한국 공군에서는 매년 한 차례 실
시하는 보라매 공중사격대회에서 전
투 기량을 측정해 선발하는 최고의 전
투 조종사(Fighter)를 탑건으로 부른다.

그런데 해군도 매년 탑건을 뽑는다.
해군의 탑건은 포술 최우수 전투함을
말한다. 해군은 지난 1년간 초계함 이
상의 전투 함정을 대상으로 대공·대

해군의 함포 사격 장면

함 평가 사격을 실시해 최고의 점수를 얻은 함정에 '바다의 탑건 함' 호
칭을 부여한다. 잠수함은 어뢰 발사 능력을 기준으로 선발한다.

포술 최우수 전투함은 약 1.8~3.7km 거리에서 시속 280km로 예인
되는 직경 70cm의 원통형 대공 표적을 명중시키는 대공 사격과 최고 시
속 70km의 고속 기동 중 약 11km 밖에 있는 표적을 격파하는 대함 사

격, 사격 절차 준수 여부, 명중률, 발사율 등을 종합 평가해 선정된다.

함포 사격술(포술)은 육상 사격과는 달리 사격함이나 표적함 모두 파도와 너울에 의해 끊임없이 흔들리고 고속으로 기동하는 가운데 이뤄진다. 그런 만큼 표적 포착, 추적, 표적 정보 계산 및 정비 능력, 지휘관의 신속한 결심 등 함정의 모든 인원이 톱니바퀴처럼 팀워크를 발휘해야 표적을 명중시킬 수 있다. 한마디로 전술 전기의 백미다.

해군에게 있어서 포술은 NLL에서 서로 얼굴 표정을 확인할 수 있을 정도로 가까운 거리에서 북한군과 직접 대치하고 있는 만큼 전우의 생명을 지키고 전투에서 승리하기 위한 가장 기본적이며 가장 중요한 전술 전기로 간주되고 있다.

육군은 탑건 대신 '탑 헬리건'(Top Heligun)을 매년 선발한다. 탑 헬리건은 '최우수 공격헬기 조종사'를 지칭한다.

탑 헬리건을 선발하기 위한 '육군항공 사격대회'에서는 육군항공 공격·기동헬기 대대에서 뽑힌 최고 기량의 조종사 200여 명이 참가해 다목적 분산 로켓과 토우(TOW), 20mm 벌컨, 7.62mm, 12.7mm 기관총 사격으로 승부를 겨룬다.

통상 대회는 부대(팀)와 개인 사격, 2개 분야로 진행되는데 부대 대회는 각 대대에서 무작위로 선정된 1개 중대가 참가해 전장 상황에 적합한 전투 사격을 실시해 최우수 AH-1S(코브라), 500MD부대와 기동헬기 부대를 각각 선발한다.

개인 사격은 근무 경력, 자질, 비행 기량, 전문 지식 등 엄정한 사전 심사를 통과한 AH-1S 8명, 500MD 28명 등 36명의 조종사가 참가해 기종

해군의 P-3C 해상초계기가 출격 전 무장을 장착하고 있다.

에 상관없이 최우수 조종사 한 명을 '탑 헬리건'으로 선발한다.

해군의 계급장

일반인은 해군 정복을 착용한 군인의 계급을 알기가 힘들다. 육군이나 공군처럼 정복의 어깨에 계급장이 붙어 있는 게 아니라 팔 부분에 있는 금줄 표시로 계급을 구분하기 때문이다. 해군은 정복을 착용할 경우 국제 해군 관례에 따라 어깨에 계급장을 달지 않고 손목 윗부분의 금줄로 계급을 표시하도록 돼 있다. 물론 전투복은 경우가 다르다.

해군도 한때 정복의 어깨에 계급장을 붙였던 시절이 있었다. 전두환 전 대통령 집권 당시 전 전 대통령이 "해군 계급은 알아보기 힘들다"고 한마디 하는 바람에 일어난 일이었다. 이 같은 조치는 문민정부가 들어서면서 폐지됐고, 국제 해군 관례에 따라 다시 어깨의 계급장을 뗐다.

해군의 장군은 제독이라고 부른다. 영어로는 '제너럴'(general)이 아닌

'애드머럴'(admiral)이다. 그래서 이순신 장군도 이순신 제독이라고 부르는 해군 장교들이 꽤 있다.

해군에는 또 '함장 우위의 원칙'이 있다. 함정에서는 모든 방송을 시작할 때 먼저 타종을 실시한다. 함장이 함정을 타고 내릴 때는 "함장 승함" 또는 "함장 하함"이라는 방송과 함께 4회의 타종을 한다.

함 내에서 함장은 최고의 서열이라는 이유로 외부 방문객의 계급이 높다 하더라도 최상급 좌석에 앉는다. 함정의 함교나 사관실에 마련돼 있는 최상석인 함장 좌석에는 함장 외에 그 누구도 앉지 않는 것이 관례다.

해군은 또 거수경례를 할 때 팔꿈치를 앞쪽으로 45도 돌려서 경례는 하는 독특한 관습을 갖고 있다. 이는 함정 내부의 통로나 실내가 좁은 공간임을 감안한 것이다. 해군의 경례 구호는 '필승!'이다.

해군은 일반인과 인사를 할 때 육군이나 공군처럼 거수경례를 하는 게 아니라 모자를 벗어 허리를 약간 굽혀 목례를 하는 것이 관습화돼 있다. 이는 군인 정신이 약해서가 아니라 해군만의 예의를 보여준다는 차원에서다.

독도함의 숨은 1인치 '캣워크'

'캣워크'(cat walk)란 단어가 있다. 패션쇼 모델들의 걸음걸이 또는 그들이 걸어가는 좁은 통로를 의미하지만 원래 어원은 고양이만 다니는 좁은 통로라는 의미에서 비롯됐다.

그런데 이 캣워크는 건물 밖이나 다리 등에 만들어져 있는 좁은 보행자용 통로를 지칭할 때도 사용된다. 나아가 선박 외부의 바깥쪽 보행자용 통로도 캣워크로 불린다.

한국 해군이 보유한 최대 규모의 함정인 1만 4천 톤급 독도함에도 이 캣워크가 있다. 그런데 독도함이 캣워크 때문에 파나마 운하 통과를 포기하는 사건이 2010년에 있었다.

당시 카리브 해 인근 국가인 아이티에서는 큰 지진이 발생했다. 정부는 아이티 지진 피해 재건을 위한 유엔 평화유지군(PKF)을 파병하기로 했다. 국방부는 평화유지군 파병과 함께 불도저, 굴착기 등 중장비도 항속거리가 1만 마일에 달하는 독도함에 실어 아이티로 보낼 계획을 세웠다. 대형 수송함이자 상륙함정인 독도함은 300여 명의 승조원과 700여 명의 병력을 태울 수 있어 UH-60 헬기 2대를 탑승시키면 아이티 해상에서 육지로 병력과 물자를 손쉽게 이송할 수 있는 장점도 부각됐기 때문이었다.

그러나 독도함 파병 계획은 막판에 취소됐다. 파나마 운하의 폭이 약 33m인데 독도함은 실제 폭이 35m에 달해 통과가 불가능했기 때문이었다.

독도함의 공식 제원을 보면 길이 199m, 폭 31m, 흘수 7m, 만재했을 때 무게 18,800톤으로 나와 있다. 태평양과 대서양을 잇는 파나마 운하의 폭보다 2미터나 좁다. 문제는 독도함 같은 대형 선박에는 공식 제원으로 나와 있는 폭 외에 양쪽에 '캣워크'라는 부분이 더 나와 있다는 점이다. 실제 폭은 공식 제원 폭에 캣워크 부분을 더해야 나오게 된다. 독도함의 경우 35m였다.

만약 폭이 약 100m인 수에즈 운하였다면 독도함도 충분히 통과가 가능했을 것이다.

국방부는 파나마 운하를 경유할 수 없게 된 독도함을 남미 대륙을 빙 둘러 돌아가도록 하는 방안도 고려했지만 비용이 예상외로 많이 필요했다. 또 독도함 대신 아이티 주변국에서 중장비를 대여 받거나 아이티 인근에 있는 건설업체로부터 중장비를 임차하는 방안을 검토했으나, 중장비 임차가 현실적으로 불가능해 이마저도 포기했다. 결국 필요한 중장비를 한국에서 구해 상선에 실어 보내야 했다. 덩달아 한국군의 아이티 파병도 파나마 운하 통과가 걸림돌이 돼 예상보다 1개월 이상이 더 걸렸다.

해병대가 강한 이유

한때 군에서 유행했던 조크가 있었다. 각 군의 구호를 빗대 육군은 '미래로', 해군은 '세계로', 공군은 '우주로', 해병대는 '귀신 잡으러' 가서 한반도는 주한미군이 지키고 있다는 것이다.

세월이 흐르면서 해병대의 브랜드였던 '귀신 잡는 해병'도 요즘은 잘 쓰지 않는 것 같다. 최근에 나온 해병대 구호는 '작지만 강한 군대'다.

이 '작지만 강한 군대'를 가겠다는 '젊은 청춘'들은 통상 경쟁률 3 대 1이 넘는 해병대의 문을 해마다 두드린다.

해병대 지원 동기를 묻는 인터뷰에서도 "해병의 팔각모를 아무나 쓸 수 있다면 저는 해병대를 지원하지 않았습니다"라는 멘트를 심심치 않게 들을 수 있다. 심지어 10수 끝에 해병의 상징인 '빨간 명찰'을 가슴에 달고

해병대원들이 인천상륙작전을 재현하고 있다.

눈물을 흘리는 훈련병도 있다.

해병대는 현대의 속전속결식 속도 경영 시대와 걸맞다. "큰 것이 작은 것을 이기는 것이 아니라, 빠른 것이 느린 것을 먹는다"는 이미지와도 잘 어울린다. 해병대는 "자고로 전쟁은 졸속으로 하는 한이 있더라도 빨리 끝내야 한다"고 한 중국의 병법가 손자의 말을 실천하는 데도 유효한 군대다.

해병대는 탄생 이후 생태학에서 말하는 '가우스의 원리'에 충실했다. 흔히 '경쟁 배타의 원리'로도 통하는 가우스의 원리는 보통 한 종(種)만이 한 서식지의 특수화된 생태학적 지위를 점유할 수 있다는 생태학적 특성을 설명한다. 쉽게 말하면 어떤 종류의 생물이든 살아가는 데 중요한 활동 가운데, 적어도 하나는 경쟁자보다 잘해야 장기적으로 살아갈 수 있다는 것이다.

치열한 경쟁에서 살아가기 위해서는 남보다 잘하는 것 하나는 반드시 있어야 한다는 의미와도 통한다. 그동안 해병대는 군이 개혁안을 발표할 때마다 단골 구조 조정 대상이었다. 심지어 1973년에는 사령부가 폐지되기도 했다. 그럼에도 불구하고 오늘의 해병대는 젊은이들이 재수, 삼수를 하더라도 가려고 하는 조직이 됐다. 한 예비역 제독은 "오늘의 해병대가 가장 강인하고 국민으로부터 존경받는 군대로 남아 있는 것은 수난의 고통이 베푼 축복"이라며 "개인이나 군이나 국가도 배가 부르면 나락에 빠지는 것은 자연의 법칙"이라고 말하기도 했다.

미 해병대 지휘참모대학의 브루스 E. 벡터 박사는 "한국 해병대가 상륙 기동의 본성, 신속 타격의 능력, 우수한 보병을 갖췄기 때문에 북한에서 전면전을 일으키면 신속히 안정화 작전 또는 통일 작전을 수행할 것 같다"고 예측했다. 모두가 한국 해병대의 우수한 자질과 잠재 능력을 높이 평가하는 언급들이다.

요즈음은 소위 '시프트 시대'다. 잠시라도 안주하면 도태당하고 끊임없이 변혁해야 생존할 수 있는 시대다. 그런 면에서 해병대도 자신의 경쟁 우위가 무엇인지 끊임없이 질문하고 이에 대한 답을 갖고 있어야 할 듯싶다.

공군 이야기

공군 1호기

대통령이 타는 전용기는 우리의 경우 '공군 1호기'로 부른다. 노무현 대통령 시절에는 겨우 일본이나 중국 정도 갈 수 있을 뿐 미국이나 유럽까지 비행은 곤란했다. 장거리 순방을 할 때는 대한항공이나 아시아나항공 비행기를 임대했다.

그러다가 이명박 정부 때부터 보잉 747-400 기종을 대통령 전용기로 대한항공으로부터 5년간 장기 임차했다. 비행기뿐만 아니라 승무원과 정비사까지 통째로 빌렸다.

대통령 전용기의 비행기 편명은 'KAF(Korean Air Force)001'이다. 1층 맨 앞부분에 있는 대통령 전용 공간은 집무실과 회의실, 휴식 시설 등으로 이뤄졌다. 비상 상황 때에는 청와대 및 합동참모본부 등과 직접 연결

북한 VIP를 태우기도 했던 과거 대통령 전용기

할 수 있는 각종 통신망과 보안 장비를 갖췄다.

세계 최대 강국인 미합중국의 대통령 전용기는 '에어포스 원'(Air Force One)이다. 미 대통령 전용기는 세계 최고를 자랑하는 국력의 상징이다. '제2의 백악관'이라고 해도 손색이 없다.

사실 '에어포스 원'의 엄밀한 의미는 미 공군기에 대통령이 탑승하고 있을 때의 무선 콜사인이다. 이에 따라 미 대통령이 해병대 소속의 전용 헬기에 탑승하면 이 헬기의 콜사인은 '마린 원'(Marine One)이 된다.

공식적인 대통령 전용기를 처음으로 이용한 미 대통령은 프랭클린 루스벨트였다. 행크 마이어스 소령이 조종하는 이 전용기는 B24 폭격기를 개조한 것으로 시속은 395km, 항속거리는 5,760km였다.

승강구는 신체가 불편해 휠체어에 의존하는 루즈벨트 대통령을 위해 낮게 개조됐고 내부에는 전기난로와 싱크대가 마련돼 있었다.

이후 미 대통령 전용기는 대통령의 취향에 따라 진화를 거듭하는 한편 많은 일화를 남겼다.

아이젠하워 대통령은 완벽한 밀실 회의가 가능하다는 이유를 들어 전용기에서 회의를 여는 것을 좋아해 기체 내부에는 회의를 개최하기 편한 공간이 마련됐다.

36대 존슨 대통령은 케네디 대통령의 암살로 전용기 안에서 대통령 취임 선서를 했다. 대통령의 권위를 내세우기 좋아했던 그는 기체 내부에 높낮이 조정이 가능한 탁자와 의자를 마련토록 했고 기내 방송으로 일장 연설하기를 즐겼다.

38대 포드 대통령은 샌프란시스코에서 암살 시도를 피해 전용기로 급히 대피하기도 했다.

부시 대통령이 이용한 전용기는 일류 호텔의 내부 시설을 갖추고 있었다. 기내에는 전화기 85대, TV 모니터 19대가 설치됐고 기내 교환수도 있었다. 그러나 영화에서 나오는 것과 같은 대통령을 위한 낙하산이나 비상 탈출구는 없었다고 한다.

현 버락 오바마 대통령의 전용기도 부시 대통령 시절과 크게 다르지 않다고 한다. 미 대통령 전용기는 충돌의 위험을 피하기 위해 외국 순방을 할 때 전투기의 경호를 정중히 거절한다.

미국 부통령은 보잉 757 기종을 개조한 C-32A를 전용기로 사용하고 있다. '에어포스 투'(Air Force Two)로 불린다.

이제 총리를 위한 '공군 2호기'를 장만하지는 못할망정 대통령과 총리가 함께 쓰는 전용기 정도는 마련할 때가 왔는데 예산 문제로 계속 미뤄졌다.

대통령 전용기는 계획부터 들여오기까지 기간이 한 10년쯤 걸린다. 대기업들까지 효율적인 비즈니스를 위해 전용기 확보에 나서고 있는 판에 계속 전용기를 임차하는 것은 문제가 있어 보인다.

공군의 우주인 프로젝트

우주는 공군의 영역일까, 해군의 영역일까. 더 나아가서 우주선은 공군 비행기인가, 해군 함정인가.

공군은 2030년쯤 우리나라에서 유인 우주선 발사가 가시화될 때를 대

미국의 우주왕복선 발사 장면

비해 우주선 조종을 책임질 우주 조종사를 양성해 나간다는 계획을 마련해 놓고 있다. 30대 초반의 위관급 전투 조종사를 대상으로 3년마다 우주인 후보를 지속 선발해 관리해 나간다는 것이다.

우주 조종사 후보는 공간지각 능력과 위기 대처 능력이 뛰어난 전투기 편대장급(4대 항공기 지휘) 조종사(위관급, 30~35세)들이 대상이다. 2018년에는 최종 후보자를 선정, 미국이나 러시아 우주선에 탑승시킨다는 계획도 갖고 있다.

공군은 미국과 러시아 등 우주 선진국의 사례를 들어 공군 조종사가 경험과 신체 조건 등에서 우주 조종사에 적합하다는 점을 강조하고 있다. 세계 최초의 우주인인 러시아의 '유리 가가린', 달 착륙에 성공한 미국의 '닐 암스트롱', 중국 최초 우주인인 '양리웨이' 등이 모두 공군 조종사 출신이라는 것이다. 일본도 F-15 전투기 조종사 '유이키미아' 중령을 우주

실험 전문가로 선발해 2015년경 러시아 소유스 우주선에 탑승시킬 예정이다.

그러나 우주인들이 탑승하는 우주선은 선체라고 하지 기체라고 부르지 않는다. 우주선의 한자를 봐도 '宇宙船'이라고 하지 않는가. 영어로도 우주선은 'spaceship'이다.

미국항공우주국(NASA)가 선발한 미국 최초의 우주인도 공군이 아닌 해군 소령 앨런 셰퍼드였다. 그는 1961년 5월 지구를 반 바퀴쯤 도는 15분간의 탄도 비행에 성공했다. 우주인 출신 상원의원으로 유명한 존 글렌은 해병대 중위 시절 우주인으로 선발돼 지구 궤도 비행을 성공했다. 나아가서 1998년 77세의 나이로 우주왕복선에 탑승했다.

하지만 한국군에서는 자연스럽게 위아래를 구분하기 힘든 공중 환경에서 중력과 싸워가며 경험을 쌓아 온 공군 전투 조종사가 우주 조종사로 선발되는 것이 당연한 수순인 듯싶다.

한국 공군은 '우주군'을 지향하고 있다. 우주군의 영역은 우주인 양성과 우주선 발사가 전부가 아니다. 최첨단 과학기술의 종합체인 우주 발사체와 관련한 영역 모두를 포함한다. 당장 고온에서 파괴되지 않는 물질 연구를 포함한 비군사적 이득에서부터 위성 자세 변환 기술, 레이저 무기 탑재 기술, 다탄두 로켓 기술 등 군사적인 이득에 이르기까지 헤아릴 수 없을 정도의 부가가치를 지닌 것들을 포괄하고 있다.

미국과 러시아, 중국 등 세계 강대국들이 우주 비행에 열을 올리는 것도 다가올 미래의 삶에 대응하기 위한 것이다. 미래에 적절히 대응하지 못하는 나라는 도태될 수밖에 없다는 역사의 교훈 속에서 미래를 열기 위해 눈을 우주로 돌린 것이다.

공군의 영웅이 된 일본 항공학교 출신들

6 · 25 전쟁에서는 장렬하게 공중에서 산화한 '하늘의 영웅'들이 많았다. 그 가운데는 고성 상공에서 유성처럼 사라졌다가 나중에 보라매의 요람인 공군사관학교 교정에 동상이 세워져 있는 임택순 중위(전사한 뒤 대위로 추서) 같은 이들도 있지만 일본 항공학교를 졸업한 조종사들이 꽤 있었다.

1950년 7월 2일 경부국도로 출격, 시흥 상공에서 적 탱크 부대를 격파하다 장렬히 자폭한 이근석 대령(전사 후 준장 추서)의 경우는 일본군 에이스 출신이었다. 일본의 구마타니 소년 항공학교 출신인 그가 에이스였다는 것은 2차 세계대전 당시 미군기를 5대 이상 격추했다는 의미이기도 했다.

아이러니컬하게 '공군 창설 7인 간부' 중 한명이었던 그는 '어제의 적'이었던 미군으로부터 일본 이다츠케 기지에서 일주일간의 훈련을 받고 인계받은 미 공군의 고물 전투기 F-51을 타고 출격했다.

원산 지구 폭격에서 산화한 신철수 대위와 진남포 상공에서 전사한 나창준 대위, 간성지구에서 하늘의 넋이 된 박두원 중위 등은 일본 다치아라이 육군비행학교 출신이었다. 이천에서 적진 한가운데로 돌진한 이세영 대위도 일본군 소년 항공병 출신이었다.

이들은 비록 식민지 시대에 일본에서 비행술을 익혔지만 신생 조국이

공군이 한국전쟁 당시 출격 조종사들이 승호리 철교를 폭파하는 장면을 재연하고 있다.

누란의 위기에 처하자 젊은 청춘을 기꺼이 바친 것이다. 조국의 하늘을 지키는 데는 출신이나 계급은 문제가 되지 않았던 것이다.

6·25 전쟁의 승자는 미국도 남한도 북한도 중국도 소련도 아니었다. 삼천리강산을 초토화한 3년 전쟁 후 그나마 반쪽 땅이라도 비공산권으로 남길 수 있었던 것은 하늘을 지킨 영웅들의 희생이 조금이라도 밑거름이 되었기 때문이었다.

이들뿐만이 아니다. 조국 산하에서 목숨을 걸고 싸운 영웅들은 숱하다. 그래서 정부는 전쟁이 끝난 수십 년이 지난 후에도 '훈장 찾아주기' 운동을 벌이고 각 지역의 군부대에서는 노병들을 초청해 군악대의 연주 아래 6·25 때 받았어야 할 훈장을 뒤늦게라도 수여하고 있다.

소음과 전투하는 군용기

공군은 항공기 소음과 전쟁을 하고 있다. 공군은 일부 전투기의 이륙 각도를 급상승시키고 있다. 전투기 이륙 절차를 변경하면 비행 소음을 10데시벨(db) 이상 줄일 수 있기 때문이다. 공군은 F-15 전투기가 이륙할 때 15도 각도로 상승하던 기존 방식을 30도로 변경해 효과를 봤다. 이 경우 활주로 밖 1.5km 지점에서 측정한 소음이 10데시벨 이상 감소한 것으로 나타났다.

공군의 고등 훈련기인 T-50도 이륙상승 각도를 현행 10도에서 15도로 높인 결과 소음이 크게 줄었다.

공군기의 상승각 상향 조정은 소음 절감뿐 아니라 전술 측면에서도 긍정적인 평가를 받는다. 유사시 적의 공격으로부터 가장 취약한 이륙 순간에 신속히 위험 구간을 벗어나게 해준다는 점에서 조종사의 실전 감각을 키울 수 있기 때문이다.

공군은 육상에서의 전투기 초음속 비행도 금지하고 있다. 음속을 돌파할 때 나오는 굉음을 피하기 위해서다. 이에 따라 초음속 비행은 육지에서 적어도 20뉴턴미터(nm) 떨어진 해상에서만 허용하고 있다. F-16 전투기의 경우 6뉴턴미터를 직진 비행한 후 15~20도로 선회해 상승하도록 했다. 이 경우 순간적으로 95데시벨 이상 노출되는 고소음 지역이 7 평방킬로미터로 현저히 감소한다.

미 공군은 항공기의 엔진 출력을 80퍼센트 이상 점검할 때는 실외가 아닌 '허시 하우스'(Hush House) 안에서 실시한다. 허시는 우리말로 '쉿'을 의미한다. 허시 하우스에서의 소음은 밖으로 나가지 않는다.

공군이 이처럼 소음 줄이기에 골몰하는 것은 갈수록 군 비행장 및 사격장 소음 민원이 증가 추세에 있어서다.

비상활주로

지방에서는 가끔 폐쇄된 국도에서 공군 수송기가 이착륙한다. 폐쇄된 국도는 사실 비상활주로다. 비상활주로는 유사시 군용 항공기의 재출동을 위해 고속도로나 국도와 분리해 만들어 놓은 활주로다.

항공기지는 전술항공 작전기지, 지원항공 작전기지, 헬기전용 작전기지, 예비항공 작전기지 등 크게 4종류로 분류된다. 대부분 공군 비행 활주로는 예비항공 작전기지에 해당된다. 전국에는 총 6곳의 예비항공 작전기지, 즉 비상활주로가 있는데 수원, 나주, 영주, 남지, 죽변, 목포 등에 있다. 경부고속도로에 만들어졌던 8곳의 비상활주로(경부 활주로)는 2006년 예비항공 작전기지 지정에서 해제됐다. 수원의 비상활주로도 조만간 전투비행단 안으로 이전하게 된다.

재미있는 것은 공군 관제사령부에서 관리하는 백령도의 천연 활주로는 예비항공 작전기지가 아닌 지원항공 작전기지로 분류된다. 천연 활주로가 있는 곳은 이탈리아 나폴리와 백령도 2곳뿐이다. 백령도 천연 활주로는 1991년까지 총 228회의 항공기의 이착륙 기록을 갖고 있다.

지원항공 작전기지는 예비항공 작전기지와 전술항공 작전기지의 중간 규모 개념으로 이해하면 된다. 전국에 총 12곳이 있다.

비상활주로도 항공 작전기지로 보호받기 때문에 활주로 인근은 건축물이 고도 제한을 받는다.

비상활주로는 통상 10여 명의 공군 장병으로 구성된 파견대에 의해 관리된다. 이들 파견대원들은 조종사에게 정확한 활주로 정보를 제공하기 위한 활주로 거리 표지판과 항공기의 안전한 유도를 위한 비상 조명등을 보유하고 있다. 항공기의 비상 급유를 위한 급유대와 송유 시설, 연료 탱크도 갖추고 있다.

그런데 전시에는 활주로가 적의 공격으로 구멍이 뚫릴 수도 있다. 공군이 이런 문제를 해결하기 만든 것이 '활주로 피해 복구반'이다. 피해 복구반은 피해가 난 폭파구를 복구 자재로 메우고 다져, 항공기 운행에 차질이 없도록 임시 처치를 하는 게 주요 임무다.

공중에서 투하된 스포츠 유틸리티 차량(SUV)이 낙하산에 매달린 채 지상으로 낙하하고 있다.

활주로 복구에는 기존 활주로 높이와 복구된 높이가 똑같이 평평해야 한다. 또 튼튼해야 한다. 그래서 폭파구를 메울 때에는 접개식 유리섬유 매트(FFM)를 사용한다. 유리섬유매트는 폴리에스테르 수지에 유리섬유를 혼합한 것으로 고온과 화염에 잘 견딘다.

활주로 피해 복구에는 보통 120여 명의 병력과 덤프트럭, 로더, 그레이더, 불도저, 굴삭기 등과 같은 장비가 동원된다.

군용기는 비상활주로가 없어도 임무를 수행해야 한다. 작전상 필요하다면 하늘에서라도 전투 장비를 투하해야 한다. 여기에는 차량도 포함된다. 유사시 육로 접근이 어려운 곳에 작전 차량을 공중 보급하는 상황이 생길지 모르기 때문이다.

그런 차원에서 공군은 C-130 수송기를 이용해 스포츠 유틸리티 차량

투하 지점에 미리 강하하여 지상에서 대기하고 있던 공정통제사들이
C-130 수송기와 교신하며 낙하산에 매달린 SUV 차량의 최적의 투하지
점을 위한 위치정보를 교환하고 있다.

(SUV) 차량을 투하하는 훈련을 하기도 한다. 훈련은 '공정화물 의장사'
(ADRT)가 투하하려는 훈련용 스포츠 유틸리티 차량(SUV)을 포장하면서
시작된다. 투하 화물은 낙하 충격으로부터 화물을 보호하기 위해 완충
역할을 해줄 벌집 모양 골판지 등으로 포장된다. 공정화물 의장사는 화
물에 낙하산을 장착해 C-130 수송기에 차량을 싣는다. 그러면 수송기는
공군 기지를 발진해 작전 지역 상공으로 향한다.

차량 투하 예정 지점에는 미리 강하해 지상에서 대기하던 '공정통제
사'(CCT)가 목표 지점을 표시하고 연막탄을 설치하고 나서 기상과 위치
정보를 수집해 수송기 조종사에게 전달한다.

30분 뒤 수송기가 임무 지역에 도착하면 공정통제사는 기상 상황을 고려한 최적의 투하 시점을 수송기로 최종 전송한다. 그러면 C-130 수송기의 화물 적재 문이 열리고 차량이 항공기 내부에서 밖으로 끌어내는 추출 낙하산이 펼쳐진다. 포장된 육중한 무게의 차량은 수송기에서 안전하게 이탈하면서 주 낙하산 2개가 펼쳐져 천천히 지상으로 낙하한다.

우주군

우주의 시작은 통상적으로 고도 100킬로미터라고 정의되고 있다. 실제로 인공위성이 배치되는 가장 낮은 고도가 100킬로미터이고, 3만 6천 킬로미터까지 정지궤도 인공위성이 배치돼 있다. 이러한 100~3만 6천 킬로미터까지의 우주 공간을 통상적으로 공군의 작전 영역으로 간주한다. 이에 따라 이곳에서 발생하는 군사 분야의 활동은 공군이 책임진다.

강대국들을 앞 다투어 우주군을 양성하고 있다. 이 분야에서 가장 앞선 국가는 미국이다. 미국은 우주 시스템을 기획하고 계획하는 부서를 일찌감치 만들었다. 물론 이와 관련된 무기를 확보하는 것도 가장 앞서 있다. 그런 만큼 미 국방부의 우주개발 예산은 세계 최대 규모다. 미국의 전체 우주 방어 예산은 1995년 이후로 매년 증가해 2010회계연도에는 6,638억 달러였다.

미국은 우주군과 관련한 대장 계급만 2명이다. 북미 항공우주 방위사령부(NORAD)와 미 공군 우주사령부(AFSPC) 사령관이 그들이다.

또 우주 유도탄 체계를 개발하는 우주 미사일 체계 본부와 우주 전력,

작전 운영을 책임지는 제14공군의 지휘관이 3성 장군이다. 인류 최초의 인공위성 스푸트니크를 발사했던 러시아도 연방 우주 프로그램에 2016년까지 매년 6%의 정부 예산을 증액한다는 계획을 갖고 있다.

러시아는 우주 관련 정보의 대외 공개를 차단해 오다가 푸틴 대통령 집권 이후 '우주력 현대화 추진' 계획 하에 단편적이나마 우주군 관련 정보를 공개하고 있다. 푸틴 대통령은 우주 정보 기능 강화 방침의 일환으로 전략군 사령부에서 우주군 및 우주 방어군을 분리해 우주군으로 독립시켰다. 그 결과 2001년 6월 1일 러시아 우주군이 창설됐다.

러시아의 우주군 창설의 목적은 미국에 비해 낙후된 우주 전력 회복을 위한 국가 우주 능력 결집이었다. 또 민·군 우주 자산을 효율적으로 통합 운영해 전략 로켓군의 운영 유지비도 절감하겠다는 의도가 담겨 있었다. 또 주요 임무는 우주 계획 수립과 시행뿐만 아니라 러시아 우주 자산 종합 통제 및 핵 공격 조기 경보, 위성 통제 및 정보 체제 구축, 각군 사령부에 대한 위성 정보 지원 및 외기권 정찰, 군사 및 상용 위성 발사 등에 있다.

러시아 우주군은 우주 미사일 방어군 1개, 조기 경보 및 위성 통제 사단 3개, 통신부대 14개, 사관학교 1개, 연구소 1개, 위성통제센터와 중앙통제센터 11개, 우주 발사기지 3개, 위성 약 127기를 보유 운영하고 있다. 우주군은 또 공군 사령부와 해군 사령부, 전략군 사령부 등과 별개로 러시아군 총 참모분 직할 부대로 편제돼 있다.

중국은 선저우 시리즈로 유인 우주선 발사에까지 성공했다. 또 2011년에는 실험용 우주정거장 텐궁 1호도 우주 궤도에 올려놓았다. 중국은 우주 프로그램을 인민해방군(PLA)에서 관리하면서 예산 전액을 국방비로 지원하고 있다.

한국은 전장 주도권 확보를 위해 감시권 상공 100~3만 6천 킬로미터 범위에서 임무를 수행하는 것을 기본적인 우주 작전 개념으로 수립해 놓고 있다. 즉 공중 및 정보 우세 보장을 위해 미국과 같은 동맹국들의 도움을 받아 우주 우세를 달성하고 우주 감시 및 육·해·공 지원 작전, 우주 공격·방어 작전, 우주 수송 작전 개념의 형태로 우주 작전을 펼치겠다는 것이다. 한반도 기상을 우리 위성으로 관측하면서 관측 주기를 30분에서 8분으로 단축하고, 정지궤도에서 500m급 해상도로 한반도를 매시간 감시하는 것도 이 같은 작전의 일환으로 해석할 수 있다.

공군에는 '릴리프 투수'가 아닌 '릴리프 백'이 있다

군 출입 기자를 하다 보면 군 수송기를 탈 기회가 많다. 공군 수송기와 해군 P-3C 초계기, 육군 헬기 등을 수시로 타고서 안보 현장을 방문했다. 초계기에 탑승했을 때는 컨디션이 좋지 않아 초계기 안에 마련된 승무원용 간이침대 신세를 진 적도 있다. 잠수함을 수색하는 등 해상 정찰 임무를 맡고 있는 초계기는 작전 반경이 넓고 장기 비행에 나설 수 있어 기체 내에 침대가 마련돼 있다.

공군 수송기를 탔을 때는 화장실이 급해 기내에 마련된 간이 화장실을 이용한 적이 있다. 수송기나 조기경보기 등 공군의 중·대형 항공기는 외장이 화려하지 않아서 그렇지 여객기와 마찬가지로 기내 화장실을 갖추고 있다.

그렇다면 전투기 조종사는 생리 현상을 어떻게 해결해야 하나. 한국 공군 전투기 조종사의 임무 시간은 1~3시간 정도이기 때문에 급히 볼일을 봐야 하는 경우는 별로 없다. 그래도 급하게 오줌이 마려울 때를 위한 대비책은 마련해 놓고 있다.

조종사의 생리 현상을 급하게 해결해 주는 도구는 '릴리프 백'(Relief bag)이다. 일종의 소변 주머니다. 야구에서 주자 2, 3루의 위기 상황을 넘기기 위해 투입하는 게 릴리프 투수라면 생리 현상의 급한 불을 꺼주는 게 바로 릴리프 백이다.

릴리프 백은 2가지 종류가 있다. 스펀지형과 파우더형이 그것이다. 스펀지형은 잘 찢어지지 않는 비닐 주머니 안에 특수한 재질의 스펀지가 들어 있어 조종사가 소변을 보면 모두 흡수해 밖으로 흐르지 않게 해준다. 일종의 여성 생리대와 기능이 흡사하다.

파우더형은 비닐 주머니 안에 흡습성이 뛰어난 파우더가 들어 있어 조종사가 볼일을 보면 젤 형태로 굳어진다. 파우더형은 양이 많은 오줌도 해결이 가능해 미군 조종사들이 선호한다고 한다.

릴리프 백의 사용 방법은 간단하다. 우선 전투기를 자동항법으로 전환

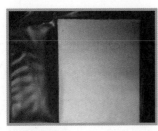
스펀지형 릴리프 백

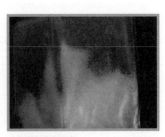
파우더형 릴리프 백

한 다음 조종복의 지퍼를 올려 릴리프 백을 꺼내 볼일을 보면 된다. 조종복은 소변을 볼 때 일반 바지처럼 지퍼를 내리는 게 아니라 올리게 돼 있다.

사용한 릴리프 백은 입구를 잘 막아 전투기 한쪽 구석에 보관했다가 임무를 마칠 때 폐기처분하면 된다.

한국 공군 조종사가 릴리프 백을 사용하는 때는 주로 미국까지 건너가 실시하는 '레드 플래그' 훈련에 참가할 때이다.

릴리프 백은 공군만 사용하는 게 아니다. 한국은 인도네시아에 T-50을 수출하고 있다. 한 달에 2대씩 인도네시아로 보내고 있는데 모두 조종사가 직접 조종해 기체를 인도하고 있다. 그러다 보니 태평양 상공을 비행하는 T-50 조종사에게 릴리프 백은 필수품이다.

릴리프 백의 일반적인 명칭은 'piddle pack'(오줌받이 주머니)이다.

공중으로 날아오르는 좌석의 비밀

수만 피트 상공에서 음속을 넘나드는 전투기가 기체 결함으로 추락할 위기에 처하면 기체는 시속 수백 킬로미터의 속도로 지상으로 추락하게 된다. 조종사에게 생명을 구하기 위한 탈출의 순간은 불과 몇 초의 여유밖에 없다.

조종사는 최후의 수단으로 비상 탈출을 하기 위해 앉아있는 사출좌석(Ejection Seat)의 장치를 작동시켜야 한다. 위급할 때 조종사와 함께 좌석째 기체 밖으로 튕겨나가는 사출좌석은 조종사를 조종 불능 상태인 기체에서 분리시키고 최대한 빨리 낙하산을 펼쳐 안전한 상태로 지상에 착륙할 수 있도록 해주기 위해 고안돼 있다.

사출좌석은 화약과 로켓의 추진력을 이용해 보통 0.2~0.4초 동안 12~21가우스(G) 정도의 가속을 얻어 조종사를 항공기와 분리시켜 탈출시켜 준다.

F-16의 경우 지상에서 사출되면 조종사가 약 50m 정도 올라간다. 공중에서 시속 460km 이상으로 비행 중 비상 탈출을 하게 되면 조종석 사출부터 낙하산이 펼쳐지기까지 1.17초가 걸린다.

생산된 지 30년이 넘은 F-4E 전투기가 비상 탈출을 시도하면 먼저 후방석 캐노피(Canopy, 조종석을 덮고 있는 투명 덮개)가 날아가고 후방석 좌석이 사출된다. 그 다음엔 전방석 캐노피가 날아가고 전방석 좌석이 사출된다. 꽤 복잡한 과정을 거치는 것 같지만 이 모든 과정은 불과 1.392초 안에 모두 끝난다.

그러나 탈출할 때 조종사의 자세가 올바르지 않으면 사출되는 즉시 신체 부위에 심각한 부상을 입게 된다. 항공기에서는 약 시속 800~1,000km의 속도와 로켓 사출로 인한 순간 최대 중력이 12~21가우스까지 발생하기 때문이다. 조종사들이 비상 탈출하기 전 좌석에 몸과 머리를 완전히 밀착시켜 자세를 잡은 후 사출 핸들을 당겨 비상 탈출하는 것도 끊임없는 생존 훈련의 결과다.

그런데 F-5 계열 전투기의 경우 2011년까지는 사출좌석이 고도 600m 이상에서만 정상 작동했다. 이 때문에 전투기의 고도가 150~200m 정도에서 비상 탈출을 시도한 조종사들의 사출좌석은 대부분 작동하지 않았다. 다른 전투기들은 고도가 제로(0)인 상태에서도 작동하는 신형 사출좌석을 갖추고 있다.

공군은 2000년 이후 F-5 전투기에서 조종사가 구형 사출좌석의 문제로 비상 탈출에 실패하는 사례가 잇따르자 2012년 3월부터 2013년 5월까지 460억 원가량을 들여 F-5 사출좌석을 영국산 신형 좌석으로 모두 교체했다. F-5 180여 대에 개당 2억 1천만 원을 투입해 신형 좌석으로 교체한 것이다.

일부에서는 '어차피 10년 안에 도태될 비행기에 새로 돈을 들일 필요가 있느냐'는 반대도 있었으나 신형 사출좌석은 교체 완료 4개월 만에 조종사 목숨을 구했다. F-5 조종사가 민간 피해가 없는 야산으로 비행기를 몰고 가기 위해 탈출 적정 고도인 5천 피트(1,524m)에서 1천 피트(305m)나 더 내려온 뒤 탈출했고, 사출좌석은 정상 작동했다. 신형 사출좌석이 절체절명의 순간에 귀한 전투기 조종사의 목숨을 구한 것이다.

미군 이야기

한국군과 미국군

동양인과 서양인 사이의 사고방식 차이를 비교하고 그 이유를 찾는 실험이 있다. 가령 '원숭이 · 팬더 · 바나나' 실험이 있다. 이들 셋 가운데 둘을 한 그룹으로 묶어야 한다면 무엇을 선택하겠는가를 묻는 실험이다.

실험 결과 한 · 중 · 일 3국의 동양인은 원숭이와 바나나를 한데 묶었다. 동양인의 경우 원숭이가 바나나를 '먹는' 관계이기 때문에 이 같은 조합을 선택했다.

그러나 서양인은 원숭이와 팬더를 선택했다. 둘 다 '동물'이라는 개체의 속성에서 공통점을 찾았기 때문이다.

실험을 실시한 심리학자를 포함한 과학자들은 이 같은 차이가 개인적 성향에서 오는 게 아니고 동양인과 서양인의 차이에서 비롯된다고 지적했다. 즉, 동양인은 사물을 볼 때 전체 속의 조화를 중시하고 서양인은 각 사물의 개별성을 먼저 본다는 것이다.

이와 유사한 사례는 동료들 사이에 웃고 있는 사람의 심리 상태를 해석하는 방식에서도 드러났다. 동료들은 잔뜩 골난 표정으로 있는데 가운데서서 혼자 웃고 있는 사람의 심리 상태에 대해 동양인은 행복해 보이지 않는다고 말했다. 그러나 서양인은 행복해 보인다고 해석했다.

한마디로 동양인은 주변 사람들과의 관계를 통해 웃고 있는 사람의 심리 상태를 분석했지만, 서양인은 웃고 있는 사람의 심리 상태를 주변인들과 별개로 간주한 것이다.

실제로 서양인들과 만나면서 "이들은 왜 이렇게 행동할까" 하는 물음에 대한 해답이 거기에 있었음을 깨달았다. 그동안 한미 관계를 취재하면서 동서양의 다른 특성을 이해하지 못해 생긴 갈등과 오해를 많이 지켜봤다. 오래된 사건이지만 '미선·효순양 사건'이 대표적이었던 것 같다.

당시 사건이 발생하고 촛불시위까지 벌어졌을 때 한미 간의 심각한 이슈가 될 것으로 직감했다. 그러나 주한미군을 비롯한 미국 당국은 사태의 심각성을 읽지 못하고 있었다. 미군은 서양인의 관점에서 단지 국도에서 일어난 하나의 교통사고가 왜 국가적 문제가 되는지에 대해 이해하지 못하고 있었다.

이는 미국에서 일어난 사건의 범인이 한국계 이민자라는 이유로 주한미국대사관 앞에서 희생자들을 위한 촛불집회를 여는 것을 정작 미국인들이 이해하지 못한 것과 마찬가지다.

동양인은 또 힘이 없더라도 무시를 당하면 기분 나빠한다. 그러나 서양인은 힘이 없으면 그에 합당한 대우를 받는 것은 당연하다고 여긴다. 그래서일까. 미군과 얘기하다 보면 한국인들이 일본이라는 국가를 은연중 무시한다는 데 대해 의아한 반응을 보인다. 국력 수준으로 보면 한국인들의 반응을 이해할 수 없다는 것이다.

언젠가 한미연합훈련에 참가한 미군들이 사격 훈련을 하면서 산불을

낸 적이 있다. 신고를 받고 인근 소방서에서 소방차들이 출동했지만 미군들은 정해진 시간 동안 정해진 사격 훈련량을 채워야 한다며 사격 훈련을 계속했다. 결국 한국군 장교가 사격장에 나타나 훈련을 일단 중지시켜야 했다. 훈련 중 일어난 그 정도의 피해는 전담 부서에서 따로 배상해주면 되는 것이고 자신들은 정해진 매뉴얼에 따라 사격 훈련을 해야 한다는 게 미군 장교의 당시 변명이었다.

군에서 매뉴얼은 교범 또는 교본이다. 군의 대표적 매뉴얼이 바로 FM, 즉 야전교범(Field Manual)이다. '에프엠대로 하라'는 말도 여기에서 비롯됐다. 이 에프엠은 군인들이 처할 수 있는 각종 상황에서 해야 할 행동을 체계화해 놓았다. 심지어 신체 각 부분의 동작과 초 단위 시간 계획까지 들어있는 에프엠도 있다. 미 육군이 갖고 있는 야전교범만도 500종이 넘는다고 한다.

최근 뉴스에서는 보기 힘들어졌지만 10여 년 전만 해도 지형 숙지 훈련에 나선 미군 헬기들 때문에 축사 지붕이 날아가거나 비닐하우스 등이 망가졌다는 민원이 심심치 않게 등장하곤 했다. 이 역시 미군 헬기 조종사들이 매뉴얼대로 비행한 때문이었다. 미군 조종사들은 비행 중에 농가가 나온다 해도 고도를 높이지 않고 사전에 정해진 훈련 높이인 저고도를 그대로 유지했다. 매뉴얼에 그렇게 나왔기 때문이었다. 그들 역시 훈련 중 발생한 민간 피해는 따로 배상해주면 된다는 인식을 했다.

그러나 이제는 많이 달라졌다. 한국의 문화를 공유하지 않고는 한미연합훈련의 효율성이 떨어진다는 사실을 미군도 이제는 인식하고 있기 때문이다.

주한미군 사령관의 연설도 항상 한국어인 "같이 갑시다"로 끝나는 게 상례화됐다. 동맹국인 미국과 한국이 같은 목적을 위해 같이 가자는 의미다. 과거 G20에 참석하기 위해 방한한 오바마 대통령도 용산 기지를 방문해서 "같이 갑시다"를 한국말로 말했다. 이처럼 미군 고위층들이 한국어를 사용하면서 한국인들에게 친근감을 표시하는 관행은 효순·미선양 사건 이후부터였던 것 같다. 아무래도 상대방 언어를 사용하면 서로간의 '벽'을 허무는 데는 유리한 측면이 있다.

펜타곤과 화장실의 공통점

펜타곤(미 국방부)과 화장실은 '공통점'이 있다. '볼일'을 보기 위해서는 허리띠를 풀어야 한다는 점이다.

미 국무부 초청을 받아 간 개인 자격의 펜타곤 방문 때의 일이었다. 단체 방문보다 오히려 많은 것을 볼 수 있었다. 이전에도 국방부 출입 기자 시절 한미연례안보협의회 취재차 수차례 방문한 적이 있었지만 그때는 단체 방문이었다.

지하철을 타고 펜타곤 역에서 내려 걸어 들어갔다. 입구에서부터 '볼일'을 보기 위해 화장실에 들어서는 것처럼 허리띠를 풀어야 하는 절차(?)를 밟아야 했다. 보안 검색 절차가 워낙 까다로운 탓이었다.

게다가 펜타곤을 배경으로 기념사진 한 장 찍는 것도 막았다. 대신 미 국무부에서 파견 나온 파견관이 마중 나와 펜타곤 곳곳을 안내하면서 친절한 설명을 해줬다. 덕분에 단체 방문 때는 전혀 보지 못했고, 알지 못했던 곳들도 살펴 볼 수 있었다.

가장 재미있는 장소는 '코트 야드'(Court Yard)였다. 굳이 우리말로 번역하면 '궁전 안뜰'이라고 해야 하나 싶다. 이 공간은 오각형인 펜타곤 건물의 한 가운데 위치해 있는 5에이커 면적의 공터다.

코트 야드 한가운데에는 역시 오각형 모양의 조그만 건물이 하나 있다. 과거 냉전 시대 구소련의 미사일이 이 건물을 타격 목표로 삼아 24시간 겨냥하고 있었다고 국무부 파견관이 설명해 줬다. 그 이유인즉 구소련이 군사 정찰 위성을 통해 집중 감시한 결과, 이 건물을 펜타곤에서도 핵심 중의 핵심인 '커맨더 센터'(사령부)로 판단했기 때문이란다. 워낙 많은 사람들이 펜타곤 한가운데에 있는 조그마한 단층 건물로 들락날락거리는 것을 보고 그렇게 결론을 내렸다고 한다.

그런데 코트 야드에 있는 조그마한 건물의 실제 정체는 핫도그 가게이다. 펜타곤에 근무하는 직원들이 배가 출출할 때마다 찾았던 곳이 바로 이곳이었다. 내가 방문한 날에도 이 핫도그 가게는 손님들로 북적거렸다. 결론적으로 구소련은 펜타곤 구내 핫도그 가게를 전쟁이 발발했을 때 가장 먼저 파괴해야 하는 1급 표적으로 간주했던 셈이다.

펜타곤에 근무하는 직원은 모두 2만 5천여 명쯤 된다. 펜타곤이 착공된 날짜는 1941년 9월 11일이다. 공교롭게도 9·11 테러가 일어난 날과 겹친다.

2001년 9·11 테러로 비행기가 펜타곤의 4번 코리도(corridor)에 충돌했을 당시 124명의 희생자가 발생했다. 당시 4번 코리도의 경우, 펜타곤은 낡은 건물을 헐고 만든 새 건물이 입주 전이었다. 이 때문에 안에 있던 사람들이 평소보다 많지 않아 그나마 희생자가 상대적으로 적게 발생했다고 한다. 만약 입주가 끝났다면 이곳에는 4, 5천 명이 근무하고 있어 희생자는 훨씬 많았을 것이다.

펜타곤 건물 주변에는 9·11 테러로 숨진 희생자의 이름이 벤치마다 한 명씩 새겨져 있다. 끝 부분이 펜타곤 쪽을 향하고 있으면 펜타곤 건물 안에서 근무하다 사망한 경우이다. 벤치 끝 부분이 바깥쪽을 향하고 있으면 그 희생자는 펜타곤 건물에 충돌했던 비행기에 탑승했던 사람이다.

희생자 가운데는 헤버트 호머(Hebert Homer)라는 사람이 있다. 그는 펜타곤 직원이었는데 휴가를 떠났다가 변을 당한 경우다. 그는 공교롭게도 자신이 근무하던 펜타곤에 충돌한 사고 비행기에 탑승했다 숨졌다.

펜타곤은 미국의 국방부를 말한다. 정식 명칭은 'Department of National Defence' 이다. 미합중국의 육·해·공 3군을 통합 관장하는 최고 군사 기관이다. 워싱턴 근교 버지니아 주 알링턴 포토맥 강변에 위치하고 있다.

펜타곤으로 불리는 미국 국방부

미국 군 신경계의 중심이기도 한 펜타곤은 5층 오각형 건물이다. 펜타곤(pentagon)은 오각형이라는 뜻이다.

지하 2층부터 지상 5층까지 있다. 층마다 다섯 개의 링 복도가 있다. 건물 내 복도의 길이를 모두 합하면 28킬로미터에 이른다고 한다. 그러다보니 사무실도 무지하게 많다. 그럼에도 불구하고 사무실을 찾는 것은 어렵지 않다. 가령 사무실의 표식이 '2C949'라고 하면 펜타곤 2층에 있는 C9(링)의 49호실이라는 식이다. 그러니 사무실의 표식 번호만 알면 찾아가는 것은 그리 어렵지 않다. 특이한 것은 펜타곤이 관광 코스 중 한 곳이라는 점이다.

한반도 단골손님 '조지 워싱턴함'

한미가 한반도에서 합동 훈련을 하게 되면 오는 단골손님이 있다. '바다 위의 기지' 또는 '바다 위의 병기고', '바다 위 공포의 군단' 등으로 불리는 미 항모 조지 워싱턴함이다. 실제 항모 한 척의 화력이 2차 세계대전 당시 미 해군 전체의 화력과 맞먹는다니 그런 수식어가 붙을 만하다. 오산 미군 기지에서 C-2기를 타고 공해상에서 작전 중인 항모를 찾은 적이 있다.

CVN 73 조지 워싱턴함은 유일하게 전방에 배치된 미 항공모함으로 일본 요코스카 기지에 배치돼 있다. 조지 워싱턴함은 미 해군 7함대 70기동부대(CTF70) 소속으로 동아시아에 배치된 미 해군 전력의 핵심 중 핵심이다. 그렇지만 함재기들은 미 해군 5항모항공단 소속이다.

조지 워싱턴함은 9만 7천톤 규모(길이와 너비 각각 360m, 폭 92m)의 슈퍼 항공모함이다. 함교까지의 높이는 81m로 20층 빌딩과 맞먹는다. 한 대 당 건조비만 45억 달러(약 5조 원) 이상으로 알려져 있다. 항모 내부에는 원자로 2기가 있어 외부 연료 공급 없이 20년간 스스로 힘으로 운항할 수 있다.

축구장 3개를 합해 놓은 넓이의 조지 워싱턴함이 보유하고 있는 전투기와 무기 장비만도 웬만한 나라 한 곳의 전력으로 평가받는 매머드 항모다. 최신예 전투기 FA-18(호넷) 전폭기 20여 대와 E-2C 조기경보기 5, 6대 등과 함께 순항미사일 토마호크 수백 기를 싣고 있다.

특히 슈퍼 호넷(F/A-18E/F)은 하늘에서 지상을 사격하는 현존 최고의 전폭기로 한번 출격에 3, 4톤의 폭탄을 탑재해 쏟아 붓는다. 이들 전폭기는 2.5초면 출격이 가능하고, 낮과 밤을 가리지 않고 하루에 150여 차례 폭격을 나갈 수 있다.

조지 워싱턴함은 1992년 실전 배치된 뒤 2008년 8월 일본 요코스카 해

미 항모 조지 워싱턴함에서 헬기가 이착륙 훈련을 하고 있다.

군기지에 영구 배치됐다. 일본은 물론 한반도 등 동북아 해역에서 작전을 수행하는 임무를 맡고 있다.

조지 워싱턴함의 작전 반경은 항모를 측면 지원하는 전투함들의 도움으로 1천 킬로미터에 이른다. 항모강습단의 구축함들은 육상 타격 능력도 갖추고 있고, 400킬로미터 밖에 있는 목표물을 탐지, 추적해 타격할 수 있다.

함재기 FA-18C 호넷 전투기는 함재기를 이륙시키는 캐터펄트(catapult, 사출기)의 도움으로 이륙한다. 전투기들은 사출 장치의 도움을 받아 2.7초 만에 220km의 속력에 도달할 수 있다. 4개의 함상 활주로에서는 비상시 30초 간격으로 함재기 이륙이 가능하다. FA-18C 호넷 전투기들은 사출장치 앞에서 10초 정도 제트엔진을 가열하다가 순식간에 엄청난 굉음을 내며 급발진, 200m 가량 활주로를 달려 2, 3초 만에 하늘을 향해 치솟아 오른다.

갑판 승무원들은 작업복의 색깔로 하는 일이 구분된다. 보라색 유니폼은 항공기의 급유를 담당하는 연료 승무원이다. 갈색은 이륙 전 항공기의 정비를, 노란색은 항공기의 이동을 담당하는 승무원들이다. 녹색 유니폼은 이착륙 담당으로 사출기에 항공기를 고정시키는 일과 랜딩기어의 안전을 책임지고, 흰색 유니폼은 안전 담당인 착륙 신호수들로 갑판 후미에서 항공기의 안전 유도를 한다.

임무를 마친 함재기들의 귀환에는 조종사들이 '안전한 충돌'이라고 부르는 함상 착륙이 기다리고 있다. 갑판 위에 드리워진 4개의 5미터짜리 와이어는 300킬로미터 속력으로 다가와 착륙하는 함재기의 '테일 후크'(후미 고리)를 잡아당긴다. 3번 와이어에 테일 후크를 거는 것이 가장 이상적이다. 4번이나 1번 와이어 등에 테일 후크가 걸려 착륙할 경우 조종사 평가에서 감점 요소다. 함재기 착륙을 유심히 관찰하면서 어느 테일 후크에 걸리는지까지 기록하는 요원도 있다. 평가는 게시판에 붙여 놓는데 조종사들의 스트레스는 이만저만이 아니다.

'떠다니는 군사기지'로 불리는 조지 워싱턴함은 축구장 3배 크기로, 갑판과 격납고에는 전폭기인 슈퍼 호넷, 조기경보기인 E-2C(호크아이 2000), 전자 전투기(EA-6B), 대잠수함 초계 헬기 시호크(SH-60F) 등 70여 대의 항공기가 탑재돼 있었다.

작전의 핵심은 조지 워싱턴함의 심장부에 해당하는 지휘통제실(CDC, Combat Direction Center)에서 이뤄진다. 이곳은 갑판 바로 밑에 있는 'O-3'에 있는데, 항공모함에서 가장 중추적 역할을 하는 곳이다.

가운데에는 작전 상황을 한눈에 보여주는 대형 스크린 2개가 있다. 한반도에서 작전을 하는 경우 스크린 위에는 남한 전역과 일부 북한 영역까지 표시된다. 스크린 위엔 또 아군과 적군의 모든 함정과 비행기, 잠수함 등이 표시된다. 항공 세력과 무기, 해상의 함정과 수중 잠수함 등의 위치도 이곳에서 모두 파악하고 있다.

모든 항공기의 이착륙도 CDC의 통제를 받는다. 항공전과 무기 통제, 수상함전, 대잠수함전, 전자전 등이 모두 CDC에서 통제되는 것이다. 즉 각종 레이더 등으로 수집한 정보를 CDC에서 통합해 항공전과 수상전, 대잠전 등을 수행하게 되는 것이다.

갑판조종실(Flight Deck Control)에는 가운데에 커다란 책상 같이 생긴

'이지 보드'라는 투명 판이 놓여 있다. 그 위엔 갑판 위에 있는 모든 항공기가 표시돼 있다. 항공기들은 손가락보다 약간 큰 크기로 축소된 형태로 놓여 있다. 이지보드 아래쪽엔 격납고에 있는 항공기들의 미니어처가 있었다. 근무자들은 이지보드를 통해 항공기 한 대 한 대가 어느 위치에 있는지 살필 수 있었다.

미군의 무기 개발

과자를 차나 커피에 담그면 맛이 주관적으로 열 배도 넘게 좋아진다고 한다. 이때 비스킷을 얼마나 오래 커피에 담그고 있어야 가장 맛이 좋아질까? 이 같은 커피와 비스킷의 과학적 궁합을 따져 본 학자가 있다. 렌 피셔라는 물리학자다.

영국 브리스틀 대학교 물리학과 교수인 렌 피셔는 〈비스킷을 커피에 찍어 먹는 최적의 방법에 관한 연구〉라는 논문을 과학 저널에 발표했다. 그는 모세관 흐름에 대한 워시번 방정식을 이용, 비스킷을 차에 담그는 최적의 시간을 구했다. 't=4L×h/Dg'라는 공식을 통해서였다. 이때 t는 '비스킷을 차에 담그고 있을 수 있는 시간의 최대값'이고 L은 '비스킷으로 흡수된 액체의 이동 거리', h는 '음료수의 점도', D는 '비스킷에 난 구멍의 크기', g는 '액체의 표면 장력' 등이다. 이 시간을 초과하면 비스킷이 흐물흐물해져 모두 찻잔 바닥에 가라앉게 된다.

참으로 별의별 연구를 다 한다고 생각할 수 있겠다. 하지만 영미 계통에서의 연구는 이처럼 사소한 것이라도 실증적 실험을 통해 증명하는 것이 특징이다.

미국이 이라크와 아프가니스탄에서 전광석화 같은 작전으로 승리를 거둔 배경에는 자로 잰 듯한 정밀 공격이 큰 역할을 했다. 이는 실증적 실험을 통해 축적된 전쟁 기술의 힘이었다.

지금도 미국의 군산복합체는 끊임없이 새로운 전쟁 무기를 개발하고 있다. 미국은 과거에도 밀림이나 사막 등 세계 어디에선가 365일 전쟁을 수행하면서 환경에 걸맞은 무기뿐만 아니라 전략 전술을 연구해 왔다.

수년 전 미 군산복합체 록히드 사를 방문했을 때도 이런 모습을 목격한 적이 있다. 록히드 사의 연구실에서는 현역 육군 장교인 차량 전문가와 록히드 연구원이 함께 머리를 맞대며 험비 차량을 대체하는 신형 군용 차량 개발에 여념이 없었다. 군용 차량의 실수요자인 미 육군이 생산자인 록히드 사에 작전 요구 성능(ROC)의 제시에 그치는 게 아니라 사용자 입장에서 개발 작업에 참여하고 있었던 것이다.

미 육군의 AHW 프로젝트도 이런 군산복합체 차원의 무기 개발 계획 가운데 하나다. 이 프로젝트는 전 세계 어떤 곳이라도 1시간 내로 재래식 무기를 운반할 수 있는 수단을 개발하는 '신속 글로벌 타격'(PGS, Prompt Global Strike) 계획의 일환이다.

이 계획은 이미 전 세계 어느 곳이든 1시간 내에 목표물을 타격할 수 있는 비행 폭탄(로봇 폭탄)을 만들어 냈다. 속도가 마하 5(시속 6,000km) 이상인 극초음속 비행 폭탄으로 1시간 안에 전 세계 어떤 목표물도 타격할 수 있는 시대가 열리게 된 것이다.

극초음속 비행 폭탄과 같은 신무기의 시험 성공은 미군의 공격 능력이 강화됐다는 의미만 있는 것이 아니다. 미국을 적으로 하고 있는 국가의 지도자에게는 소름끼치는 일이 될 수 있다.

실제로 김정은 북한 국방위원회 제1위원장 입장에서는 '참으로 무서운 세상'이라는 푸념이 나올만한 일이다. 김 제1위원장의 거처를 대부분 파악하고 있고 외부 세계와의 통신까지 감청하고 있는 미국이 필요하다면 그가 미처 다른 곳으로 피신하기도 전에 비행 폭탄으로 공격할 수도 있기 때문이다.

미군 병장은 '6대 장성'

군 복무를 마친 예비역 병장들은 스스로를 '5대 장성' 중 한명이라고 우스갯소리를 한다. 준장, 소장, 중장, 대장에 이어 병장도 장성이라는 것이다. 이는 병사로 입대해 마지막으로 다는 계급장인 병장 계급장에 대한 권위를 존중하고, 또 선임병으로서의 자부심과 그에 따른 모범적 자세를 요구하는 데 따른 것으로 해석이 가능하다.

한국군에 '5대 장성'이 있다면 미군에는 '6대 장성'(Six Star)이 있다. 즉 5성 장군(원수) 위에 6성 장군이 있다는 것이다. 이 역시 병사들을 대우하고 존중한다는 의미에서 나온 용어다.

실제로 미 근무 장병 복지후생재단(USO)은 1970년부터 연례행사로 매년 3월이면 한미 양군의 상호 이해와 우호 증진을 목적으로 한국군과 주한미군, 유엔군 가운데 모범 장병을 선발해 이들에게 '6성' 칭호를 부여하고 있다. USO는 주한미군에 근무하는 병사들의 복지 프로그램으로 관광 코스도 운영하고 있다. 주한미군이라면 전방에 근무하는 병사도 USO를 통해 63빌딩, 롯데월드, 코엑스, 창경궁 등 국내 명소는 한 번 이상 가보게 된다고 한다.

한국군은 점호를 하지만 미군은 통상 오전 6시 30분이면 체력 단련을 위해 집합한다. 체력 단련이 끝나면 식사를 하고 오전 8시부터 공식 일과를 시작해 오후 5시 정도에 끝마친다. 이후에는 개인 시간이다.

미군은 사병들도 일과 후에 자유로이 외출할 수 있는데 통상적으로 평일은 자정, 주말은 새벽 1시가 귀대 시간이다. 귀대 시간은 엄격하게 지켜지지만 정해진 취침 시간은 없다. 주한미군 사령관은 주한미군 장병이 불미스러운 사고를 치게 되면 귀대 시간을 앞당기는 방식 등으로 군기를 잡는다.

미군에게 한국은 세계에서 가장 위협이 높은 곳 중 하나로 분류된다. 그래서 나온 용어가 '파이트 투나잇'(Fight Tonight)이다. 당장 오늘밤에 무슨 상황이 벌어진다 해도 만반의 준비가 되어 있어야 한다는 말이다. 이 때문에 주한미군이 받는 전투 훈련과 야전 기동, 사격, 비상대기 등은 전 세계에 배치된 미군 가운데서도 최고 수준이다. 이상희 전 국방장관 등 한국군 수뇌부도 이 '파이트 투나잇'을 차용해 전 군에 이를 강조하는 지휘 서신을 내려 보내기도 했다.

역할이 3개인 주한미군 사령관

한미연례안보협의회 취재차 미국을 갈 때마다 국방부 대표단과 함께 들르는 곳이 있다. 워싱턴 시내 한국전 기념 공원이다. 이곳에는 '한국전 참전 기념비'가 마련돼 있고 한국 국가원수가 미국을 방문할 때도 반드시 가는 곳이다.

참전 기념비에는 "우리나라는 자신들이 알지도 못하는 나라, 만난 적도 없는 사람들을 지키려는 요청에 응한 우리의 아들과 딸들을 기린다"(Our nation honors her sons and daughters who answered their country's call to defend a country they never knew and a people they never met)는 문구가 새겨져 있다. 기념비에는 "자유는 공짜로 주어지지 않는다"(Freedom is not free)라는 글귀도 있다. 이 기념비를 건립하는 데 든 총 비용 1억 8천만 달러 가운데 80퍼센트가 10~50달러의 소액 기부들이 모아진 것이다.

완전 군장에 우의를 입은 미군 병사 19명이 산개한 전투대형으로 긴장된 표정으로 행군하는 모습은 한국전쟁의 의미를 되새기게 한다.

한국전쟁에서 미국은 사망자 36,940명, 부상자 92,134명, 포로 4,439명, 실종 3,737명 등 총 137,250명이라는 희생을 치렀다. 전사자와 부상자 가운데는 미군 장성들의 아들 35명도 포함돼 있다. 한국전쟁에 참전한 미군 장성의 아들은 총 142명이었다.

아이젠하워 대통령의 아들 존과 워커 8군 사령관의 아들 샘, 클라크 유엔군 총사령관의 아들 빈 대위도 한국전쟁 당시 최전선에서 싸웠다.

한국전쟁이 끝난 후에도 한반도에는 미군이 주둔하고 있다. 주한미군이 그들이다. 이 주한미군 사령관은 흔히들 모자를 3개 쓰고 있다고 한다. 유엔군 사령관과 한미연합사령부의 사령관을 겸하고 있어서다.

그러다 보니 몸은 한 사람이지만 역할은 직함에 따라 달리하는 경우가 있다. 이는 주한미군 사령부에서 내보내는 보도 자료 내용을 봐도 알 수 있다.

"○○대장이 유엔군 사령부 사령관 자격으로 ○○을 처음으로 방문, 방어 체제를 둘러보고 군 고위 지도자들과 만났다" 또는 "유엔군 사령관은 오늘 ○○을 방문하여 군 지휘관들로부터 상황 보고를 받고 정전협정을 위반한 북한군의 기습적인 공격으로 직접적인 피해를 입은 지역을 둘러봤다. 유엔군 사령부는 정전협정의 이행 여부를 감독할 책임이 있다."

주한미군 사령관은 또 유엔군 사령관 자격으로 연설할 때 "정전협정 하에서 유엔군 사령관은 휘하에 있는 전력을 가지고 모든 (남북간) 적대 행위를 완전히 근절시킬 책임이 있다"거나 "정전협정이 평화협정으로 대체될 때까지 유엔군 사령부는 정전협정의 준수를 관찰하고 감독하며, 위반 사항이 있을 시에는 협상을 통해 해결하게 된다"는 등의 표현을 단골 메뉴처럼 사용한다.

위의 예에서 볼 수 있듯이 주한미군은 미 육군대장인 주한미군 사령관에 대해 한미연합사령부 사령관의 자격이 아닌 유엔군 사령관 자격을 강조할 때가 많다. 이것은 남북간 군사 긴장이 고조된 상황이라면 동맹군인 한미 연합군 사령관 신분이 아닌 한반도 정전 상황을 관리하는 유엔군 사령관 자격으로 북한군의 정전협정 위반 사항을 확인하는 데 1차적인 목적이 있는 것으로 해석할 수 있다. 즉 주한미군 사령관은 북한의 침략을 저지하는 동맹군 사령관이기도 하지만 정전 상황을 관리하는 막중한 책무를 맡고 있는 유엔군 사령관이기도 하기 때문이다.

스카파로티 주한미군 사령관이 판문점을 방문해 관계자로부터 설명을 듣고 있다.

북한이 도발할 때 유엔군 사령관 자격의 주한미군 사령관은 "더 이상의 도발과 공격을 중지하고 판문점에서 유엔군 사령부와 즉각 회담을 열어 문제를 논의하자"고 언급할 뿐 한미연합사령부 사령관으로서 "북의 도발에 대해 강력 응징하겠다"와 같은 발언은 하지 않는 게 통례다. 이는 주한미군 사령관은 유사시 한미동맹군 사령관으로 북한군에 강력한 응징을 하는 주체이지만 정전협정이 유지되는 평화시에는 한반도에서 남북한 확전을 막는 유엔군 사령관의 임무도 수행해야 하기 때문이다.

실제로 한국군은 88올림픽 직전 군사적 목적과 함께 북한의 올림픽 방해 책동에 대한 으름장을 겸해서 백령도에 평양을 타깃으로 한 지대지 미사일 기지를 배치하는 계획을 포함해 서해 5도를 공격 전진기지로 활용할 계획을 세운 적이 있다. 그러나 이것은 "방어용 무기가 아닌 공격용 무기의 배치는 동의할 수 없다"는 미국 측의 반대에 부딪쳐 수포로 돌아갔다.

북한군 이야기

북한은 왜 하드 타깃인가

'하드 타깃'이란 용어가 있다. 통상 하드 타깃은 대륙간탄도미사일
(ICBM) 기지나 군사기지·시설물 등 견고한 대응 방어 체제를 갖추고 있
는 전략 공격 목표라는 뜻으로 통한다. 또 다른 의미로는 첩보 활동의 중
요 목표나 국제 분쟁 예상 지역이 있다. 특히 중국, 러시아 그리고 북한
같이 감시하기 어려운 국가를 특정해서 언급할 때 사용되기도 한다.

미국에서 만난 전직 CIA 간부는 나에게 북한에 대해 '하드 타깃 중의
하드 타깃'이라고 표현했다. 그는 현역 시절 북한뿐만 아니라 이란과 이
라크, 러시아도 담당했던 전문가다. 그는 북한에 대해 전략적 측면에서
는 잘 알고 있지만, 작은 범주로 들어가면 잘 알 수도 없고, 예상하기도
힘든 곳이라고 했다. 차라리 스포츠 경기 승패를 맞히는 게 낫다고까지
했다. 그러면서 CIA에 근무했을 당시 '철의 장막'이었던 구소련 관측이
북한 감시보다 더 쉬웠다고 덧붙였다.

그의 말처럼 북한은 특히 이미지 정보를 얻기가 무척 힘들다. 주요 목
표 지점이 산악 지역 깊숙이 숨어있기 때문이다. 평평한 지역은 군사 정
찰 위성을 통해 몇 번 반복해서 감시하면 원하는 정보가 걸려들지만 산

악 지역에서는 이런 방법이 통하지 않는다. 북한 역시 미국의 군사위성이 한반도 상공을 지나가는 시간대까지 잘 알고 있다. 그래서 중요 군사 장비를 이동하는 경우에는 이 시간대를 피하는 수법을 사용한다.

게다가 북한에서는 '신호 정보'를 얻기도 쉽지 않다. 이 전직 CIA 간부는 북한이 '특수 코드'를 사용한다고 전했다. 다른 전문가는 이런 환경을 이용해 북한이 일부러 신호 정보를 조작해 역정보를 흘리기도 한다고 밝혔다.

이처럼 북한이 워낙 '하드 타킷'이다 보니 그동안 북한의 핵실험과 관련해서도 한국 정부나 미국, 일본 등은 북한이 실제 실험을 할 때까지는 까맣게 모를 수밖에 없었다.

그러나 정보의 힘은 레버리지(지렛대) 효과가 크다. 국가정보원이 한때 '정보는 국력이다'를 원훈으로 했던 이유도 여기에 있다. 북한은 자신들이 남쪽에 대해 알고 있는 것보다 남측이 훨씬 많이 북쪽을 들여다보고 있다는 사실을 알고 있으면 함부로 준동하지 못한다. 그 힘은 바로 정보 자산에서 나온다. 한미 정보 당국이 많은 예산을 투입해 북한 전역을 감시하는 이유가 여기에 있다.

대통령 전용기 탄 북한 VIP

수도권 일대에는 가끔 노탐(NOTAM)이 걸린다. 대통령 전용기(공군 1호기)가 이륙할 때이다. 노탐은 안전 운항을 위한 항공 정보로 국가원수가 탑승한 전용기가 하늘에 있을 때 발령될 경우 해당 공역 내 모든 항공기는 이 구역을 벗어나야 하고, 인근 공항의 모든 비행기는 이륙이 금지된다. 인천국제공항에 있는 국군기무사령부 파견대의 주요 역할 중 하나가 관련 기관들과의 노탐 협의다.

청와대가 대한항공에 임차해 사용하고 있는 보잉 747-400 기종 이전의 대통령 전용기는 1985년에 구입한 보잉 737기를 40인승으로 개조한 것이었다. 그런데 이 보잉 737 대통령 전용기는 88올림픽 이전에 대통령이 아닌 다른 VIP들을 태운 적이 있었다. 그것도 북한에서 온 '귀한 손님들'을 태웠다. 당시는 군 출신인 전두환 대통령이 집권하던 시절이었다.

대통령 전용기인 공군 1호기는 북한 고위층을 태우고 제주국제공항에 착륙했다. 이들은 남한 정부가 초청한 북한 고위층 인사들이었다. 초청의 목적은 88올림픽의 성공적 개최를 위한 북한의 협조를 요청하기 위해서였다.

이들은 제주도에서 융숭한 대접을 받은 후 공군 1호기를 다시 타고 출국했다. 이들은 88올림픽을 방해하지 않는 조건으로 일종의 '보험료'도 챙긴 것으로 알려졌다.

앞서 북한은 버마 아웅산 테러로 전두환 전 대통령을 암살하려고 시도했다. 이 과정에서 정부 고위 인사 수명이 유명을 달리했다. 전국적으로 규탄 대회가 열리기도 했다.

그러나 전두환 전 대통령은 자신을 죽이려고 했던 북한 집권층에 손을 내밀었다. 올림픽의 성공 개최를 위해서였다. 한반도가 남북 모두 독재 정권으로 냉전이 심했던 시절이었음에도 불구하고 남북간 '핫라인'이 가동된 결과였다.

인민무력부장과 감귤

북한의 '인민무력부장'은 남한의 국방장관 격이다. 2000년 9월, 북한 인민무력부장은 김일철 차수였다. 그는 제주도를 방문했다. 2박 3일간 제주에서 열린 남북 첫 국방장관 회담에 참가하기 위해서였다. 그의 회담 파트너는 조성태 전 국방장관이었다.

당시 조성태 국방장관과 김일철 인민무력부장은 제주공항에서 숙소 겸 회담장인 제주 서귀포 중문단지 내 롯데호텔까지 같은 승용차를 타고 가면서 차 안에서 대화를 나눴다.

50분이면 충분히 갈 수 있는 거리를 이들은 일부러 제주도 해안 도로를 돌며 75분간 여유 있는 대화 시간을 가졌다. 언론은 이를 두고 '파격적인 승용차 밀담'이라고 보도했다.

두 사람은 시드니 올림픽 남북한 공동 입장을 화제 삼아 자연스럽게 대화를 시작했다. 그러면서 서로 살아가는 얘기와 제주도의 풍광을 화제에 올리기도 했다.

승용차 안에서 김 부장은 제주도의 감귤 농장에 많은 관심을 보였다. 이북에서는 보기 힘든 감귤이 지천으로 깔린 모습이 눈에 크게 들어왔기 때문이었다. 그러자 이를 눈치 챈 조 장관이 "요즘 남한에서는 귤이 쓰레기가 됐다"며 "우리 군에서는 감귤 쓰레기까지 처리하고 있다"며 너스레를 떨었다.

김 부장은 "그게 무슨 말이냐"고 강한 호기심을 보였다. 이에 조 장관은 "제주지사가 귤을 공짜로 줄 테니 군에서 제발 가져가서 처리해 달라고 했다"며 그 이유를 설명했다. 2000년 당시 제주도에서는 예상외의 귤 풍

년이 들었다. 이 바람에 귤 가격이 폭락했고, 농장주들은 육지까지 운반하는 운송비도 안 나온다는 이유로 귤을 폐기 처분하기에 이르렀던 시기였다.

조 장관은 "해군 LST까지 동원해 귤을 육지로 실어 나르고 있다"며 "그렇게 해서 전 군에 귤을 배급하고 있는데 우리 군이 버린 귤 처리까지 떠맡아 하고 있는 셈"이라고 말했다.

김 부장은 상당히 놀란 듯했으나 이를 애써 내색하려 하지 않았다. 그러나 그의 표정에서 일종의 '속상함'으로 보일 수 있는 표정이 스쳐갔다. 그리고 한동안 창밖만 뚫어져라 쳐다봤다고 한다. 북에서는 인민이 굶주리는 판국에 남쪽에서는 귀한 귤이 쓰레기 취급이 되고, 게다가 군대가 이를 병사들 간식으로 마지못해 처리해 준다고 하니 그럴 만도 했다.

결국 조 장관은 귤 얘기를 슬쩍 하면서 체제의 우월성과 남쪽의 풍족함을 간접적으로 북의 인민무력부장에게 자랑한 셈이 됐다.

이후 김일철 인민무력부장은 2007년 11월 평양에서 열린 제2차 국방장관 회담에도 참가했다. 이때 그의 상대는 김장수 전 국방장관(현 청와대 국가안보실장)이었다. 당시 70대 후반의 고령이었던 그는 김 전 장관에게 자신의 건강관리법으로 하루에 30분씩 탁구를 친다고 소개하기도 했다.

북한 최고지도자의 사진

조선중앙TV와 〈노동신문〉 등 북한 언론 매체들은 김정일 북한 전 국방위원장의 군부대 시찰 사진을 한참 지난 뒤에 공개하는 일이 다반사였다. 물론 촬영 날짜도 공개하지 않았다.

이처럼 북한은 '최고사령관 동지 초청 행사의 비밀을 목숨 걸고 지켜야 한다'며 신변 안전 문제를 들어 시찰 일정 자체를 보안에 부치는 게 관례였다. 북한군 출신 탈북자들에 따르면 일주일은 물론 한 달이 지난 다음에 군부대를 다녀간 사실이 북한 언론에 보도되는 일이 흔하다.

김정일 전 위원장 사진은 또 조작됐거나 변형된 것이 많았다고 한다. 군부대 시찰 사진에서는 인민군 장병의 그림자는 비스듬한 반면 김 전 위원장의 사진만 반듯한 사례가 관찰되기도 했다. 북한에서 최고지도자의 얼굴 사진은 소위 '1호 사진'으로 통한다. 원래 1호 사진은 절대 손대지 않는 게 원칙이었으나 북한은 2008년 김 전 위원장의 뇌졸중 이후 건강한 모습으로 연출하기 위해 사진을 조작했다.

속담에 '마타리 꽃은 가을을 알려준다'는 말이 있다. 마타리 꽃은 벼가 누렇게 익어갈 무렵 피기 시작해 찬 서리가 내릴 때까지 아침저녁으로 한창 피어나기 때문이다. 한반도의 산과 들 어디서나 흔히 볼 수 있어 계절을 알려주는 지표 꽃으로 불린다. 그러니 정보 당국은 사진의 배경에 나오는 초목 상태 등을 분석해 사진이 찍힌 시기를 추정하곤 했다. 가령 가을에 보도된 사진에서 여름 꽃인 노란 달맞이꽃이라도 발견되면 북 최고지도자의 신변 이상의 추론까지도 가능하기 때문이었다.

남쪽의 저널리스트 입장에서는 북한 언론 매체의 보도 태도를 이해하기 힘들다. 통상 저널리즘은 현실을 투영하는 말과 글의 세계로 정의되는데 반해 북한의 저널리즘은 현실을 왜곡하는 상징과 조작의 세계로 널리 이용되고 있어서다. '거짓말도 100번 하면 진실이 된다.' 공산주의의

해묵은 고전적 선전 전술이다.

그런데 김정은 북한 국방위원회 제1위원장의 등장 이후 외신에 실시간으로 그의 사진이 등장하는 일도 벌어지고 있다. 변화를 실감케 한다.

그러나 변하지 않는 것 하나는 분명히 있는 것 같다. 북한 최고 실력자를 지칭하는 '최고 존엄'에 관해서는 한 치의 양보도 없다는 점이다. 김정일 국방위원장이 살아 있었을 때는 '최고 존엄'의 사진을 사격 표적 용지로 썼다는 이유로 국방장관의 암살을 모색했다는 첩보가 군 정보 당국에 입수된 적 있었다. 최근에도 툭하면 '최고 존엄'인 김정은 국방위원회 제1위원장을 비방했다는 이유로 남북 관계를 경색국면으로 몰아가기도 한다. 아마도 이는 북한이 '거꾸로 선 종교 국가' 성격이기 때문인 것 같다. 사이비 종교 집단일수록 교주에 대한 비판에는 날선 반응을 보이는 법이다.

독도함 남북 국방장관 회담

뉴스 1

집중호우로 막대한 피해를 입은 북한 당국은 남한이 제공한 쌀 등 구호품에 대한 대가로 사거리 500km인 스커드 C 미사일 ㅇㅇ기를 폐기하기로 남측 당국과 합의했다. 북한 당국이 군부의 강력한 반발에도 불구하고 비대칭 무기인 미사일 일부를 폐기키로 한 것은 국제사회의 압력뿐만 아니라 남측과의 화해 무드 조성에 절대적인 도움이 된다고 판단한 데 따른 것이다.

뉴스 2

남북 국방장관이 동해상의 해군 대형 수송함인 독도함 갑판에서 남북 간 군사 현안을 놓고 2박 3일간의 협상에 들어갔다. 양측 국방장관들은 무엇보다도 일본의 군국주의화가 한반도 안전에 위험이 된다는 점을 공감하고 향후 공동 대책을 마련키로 잠정 합의했다고 AP통신 등은 전했다. 이에 대해 일본은 독도함에서 남북 국방장관이 만난 것은 독도를 한국 영토로 영속화하려는 의도라며 강력 비난했다.

'뉴스 1'과 '뉴스 2'는 한밤중의 몽상으로만 끝날까. 그렇지는 않을 것 같다. 국론을 모으고 한반도 평화를 위해 머리를 짜내면 불가능하지 않을 것으로 여겨진다.

남북한 군 수뇌부가 독도함 갑판에서 머리를 맞대는 것도 가능하리라 본다. 게다가 이를 통해 독도라는 단어가 전 세계 언론에 집중적으로 노

동해에서 작전 중인 독도함의 위용

출되는 모습을 상상해 보라.

물론 북한 입장에서는 독도함에서의 회담을 꺼릴 것이 분명하다. 독도함은 남한 해군의 막강한 전력을 상징하고 있기 때문이다.

그러나 국방장관 회담은 만약 재개되면 남북에서 교대로 열리는 것이 통상 관례이다. 그런 만큼 남측에서는 독도함, 북측에서는 북측이 원하는 장소에서 회담이 교대로 열린다면 가능하지 않을까 싶다.

독도 앞바다에 독도함을 띄워 놓고 남북 회담을 하면 효과가 더 클 것이다. 실제로 이런 일이 벌어진다면 전 세계적으로 독도가 대한민국 땅임을 알리는 광고 효과는 엄청날 것이다. 아마도 수천억 원 이상의 광고비를 투입하는 것보다 훨씬 효과적인 '대박 광고'가 될 것이 분명하다. 독도함에서 남북 국방장관이 독도의 일출을 바라보면서 악수하는 날도 꿈만은 아닐 것이다.

통일 후 북한군

남북한이 통일된다면 한반도의 군대는 어떤 모습일까. 과거 통일을 이룬 통합 독일군의 모습이 아마도 우리 군에게 가장 모범적인 사례가 될 듯하다.

통일이 되자 서독군은 동부연방군 사령부를 창설해 동독군을 흡수 통합하기 시작했다. 이후 동독 인민군은 연방군 '분데스베어'로 축소, 통합됐다. 독일은 서독 46만 명, 동독 17만 명을 통합해 독일연방군 '분데스베어'의 병력을 총 37만 명으로 하기로 결정했다. 이 과정에서 동·서독은 물론 미국과 (구)소련, 영국, 프랑스 등 4개 신탁국가 간의 2+4 협상을 거쳤다.

동독의 인민군은 서독의 군복을 입고 '분데스베어'의 지휘를 받게 됐다. 동독 인민군 해체 작업은 부대에 따라서 3개월에서 최대 2년까지 소요됐다. 동독군 출신의 군 복무의 지속 여부는 개인의 결정에 맡겨졌다.

그러나 장군 계급 이상의 동독군의 경우 모두 전역시켰다. 또 동독군 지휘관의 계급을 강등시켰다. 동독군 출신으로 이뤄진 대대의 부대대장으로는 동독군 출신을 임명했다. 결국 새롭게 출범한 통일 독일군에서는 동독군 출신으로 대령 이상의 장교는 없었다. 이는 동독 군인들의 경직된 복종 체계를 극복하기 위한 조치이기도 했다. 5만 명에 이르는 동독의 직업군인들은 4년 안에 동독군의 남은 잔재를 없애고자 했던 통독군의 임무에 충실히 협조하기는 했지만, 오랫동안 적으로 여겨 왔던 서독군에 사실상 입대해야 한다는 사실에 어려움을 겪기도 했다.

군 통합 과정에서 서독 군인들은 '독일인으로서 독일인에게'라는 원칙 아래 동독군에 접근했다. 통일 후 동서독 통합군인 '분데스베어'의 역할과 위상은 국토 수호 임무와 함께 세계평화 유지군의 성격으로 바뀌었다.

군사 장비는 당장 퇴역시킬 것과 해외 매각할 것, 통독군에서 사용할 것으로 구분해 처리했다. 군 전문가들은 통일 한국군도 통일 독일군의 사례를 크게 벗어나지 않을 것으로 보고 있다. 그러나 남북 통합군은 남북한의 문제일 뿐만 아니라 미ㆍ중ㆍ러ㆍ일 등 주변 강대국들도 크게 신경을 쓸 수밖에 없는 민감한 사안이라는 점에서 상당한 변수가 될 것으로 예상된다.

북한군의 계급

북한군은 계급을 '군사칭호'라고 부른다. 북한 사전에서는 군사칭호를 군인의 상하급 관계를 규정하는 국가가 제정한 칭호로 규정하고 있다.

북한에서 군사칭호가 처음 만들어진 때는 1952년 12월이다. 이 당시에는 북한의 계급을 장령급, 좌관급, 위관급, 하사관급, 전사급으로 구분했다. 이후 1953년 최고인민회의 결정에 의해 김일성과 최용건 민족보위상이 각각 원수와 차수에 임명되면서 장군급 위에 원수급이라는 새로운 계급 구조가 추가됐다.

1998년부터는 하사관급과 병사급의 7계급을 세분화 해 13계급으로 구분했다. 즉 4등급 체제의 하사관급을 8등급으로, 전사와 상등병으로 이뤄졌던 병사급을 4등급으로 세분화시킨 것이다.

이에 따라 북한군은 원수급의 경우 대원수, 원수, 차수로 구분하고 장령급은 대장, 상장, 중장, 소장으로 분류한다. 또 한국군의 영관급에 해당하는 좌관급은 대좌, 상좌, 중좌, 소좌로 나뉜다. 위관급은 대위, 상위, 중위, 소위로 이뤄져 있다.

한국군의 부사관급은 북한에서는 8계급으로 세분화돼 있다. 특무상사, 상사, 중사, 하사로 구성된 사관급과 초기특무상사, 초기상사, 초기중사, 초기하사로 이뤄진 초기 복무 사관이 그것이다.

북한군 병사는 상급병사, 중급병사, 초급병사, 전사로 분류된다.

판문점 공동경비구역의 북한군

　북한군의 또 한 가지 특징은 소위에서 대장급까지 계급을 불문하고 정복 견장에 모두 별을 달고 있다는 점이다. 이 때문에 군사 전문가가 아니면 이들의 계급을 구분하기가 매우 힘들다. 북한군의 계급은 주로 별의 숫자와 크기, 바탕 무늬로 판별해야 한다.

　북한군에서는 군대에 입대하면 전사 계급부터 시작해 상등병이 되는데는 1년, 상등병에서 하사는 2년, 하사에서 중사는 1년, 중사에서 상사는 1년, 상사에서 특무상사는 1년의 경과 기간을 거쳐야 한다. 여기에다 진급 지연 사례가 많아 전사 계급에서 특무상사까지 오르는 데는 통상 10년이 넘게 걸린다고 한다.

　북한군에서 장교로 임용되기 위해서는 병사로 3년 이상 근무해야 자격이 주어진다. 장교는 소위에서 상위가 되기까지는 2년 정도 걸리고, 상위에서 대위는 3년, 대위에서 소좌도 3년 정도 걸린다. 또 소좌에서 중좌는 4년, 중좌에서 대좌까지는 각각 5년씩의 기간이 필요하지만 대좌에서 발탁 개념인 소장으로 진급하는 데는 연한 규정이 없다.

　북한군은 차수급만 10여 명이 넘고, 대장급도 20여 명이 넘는 등 계급

인플레가 심한 편이다. 한국군의 경우 최고 계급인 대장이 8명이다.

게다가 북한은 장군의 계급을 수시로 강등시켰다가 다시 진급시키는 등의 방법으로 이들을 통제하기도 한다.

북한군 특수부대

북한에서 특수부대가 처음 창설된 것은 1969년 '특수8군단' 이란 명칭의 부대가 만들어지면서부터였다. 북한에는 당 비서국에서 직접 통제, 지휘하는 특수부대도 있는 것으로 알려졌다.

북한군이 관할하는 특수부대는 경보병여단, 공수여단, 저격여단, 해군저격여단, 공군저격여단, 경보병여단, 정찰여단 등으로 구성돼 있다.

저격여단은 한반도 유사시 후방 교란 목적으로 만들어진 부대다. 부사관급이 60퍼센트 정도로 일명 '모란꽃 소대' 로 불리는 여군들도 편성돼 있다. 모란꽃 소대원들은 남한의 유흥업소에 취업해 요인 암살이나 포섭, 정보 수집 등의 임무도 하는 것으로 알려져 있다.

정찰여단은 유사시 전투 지역 후방으로 침투해 전술 목표를 타격하는 임무를 갖고 있다. 주로 후방 지역 교량이나 터널, 댐, 발전소 등이 작전 대상이다. 평시에는 남한 지역에 침투해 첩보 수집을 하는 것을 목적으로 하고 있고, 해외에서 중남미나 아프리카 국가의 군사 고문관으로 파견되기도 한다.

이밖에 북한 해군 소속의 상륙여단은 한국군 해병대와 유사한 역할을 하고, 공중 침투를 주 임무로 하는 공정 경보병여단은 한국의 특전사와 유사한 부대이다.

이들 북한군 특수부대의 존재 목적은 한반도에 전쟁이 발발하면 후방에 침투해 제2전선을 만들어 한반도 전체를 동시 전장화하는 것이다. 남한 지휘부 공격, 지도층 인사 암살, 유력 인사 납치 등도 임무에 포함돼있다. 군 당국은 북한군 특수부대원들이 소형 잠수정이나 고속 보트, 땅굴 AN-2 저고도 항공기 등을 이용해 침투가 가능하다고 분석하고 있다.

강릉 잠수함 침투 사건 당시 붙잡힌 공작원 이광수는 매일 30분 이상 단검 던지기를 했고, 25킬로그램의 군장을 메고 40킬로미터를 주파하는 것은 물론 120킬로미터를 한 번에 주파할 수 있는 행군 등이 몸에 익숙해질 정도로 강도 높은 훈련을 받았다고 증언했다.

여군의 세계

한국 여군의 역사

한국군의 여군 창설은 6·25 전쟁 중인 1950년 9월 6일 임시 수도인 부산에서 발족된 여자의용군교육대를 시작으로 본다. 앞서 건국 직후에서 6·25 전쟁 직전까지 배속 장교와 간호장교, 육군항공부대 예하 부대인 여자항공대원 등을 운영하였으나 공식적인 여군 역사는 여자의용군교육대를 기점으로 보는 것이다.

1970년대 초반까지는 여군도 사병 제도를 운영했다. 만 17~24세 미만의 중학교 졸업 이상의 학력 소지자가 모집 대상이었다. 1974년부터는 장교와 하사관만 모집하고 있다.

1970년 육군본부 직할의 독립 부대로 창설된 여군단은 1995년 인사참모부 인사기획처 여군담당관실로 재편되어 운영되다가 여군이 육군 여러 병과에서 뿌리를 내림에 따라 2006년 4월 4일 폐지되었다.

군은 1997년 공군사관학교를 시작으로 1998년 육군사관학교, 1999년 해군사관학교가 차례로 여성에게 문호를 개방했다.

2010년에는 숙명여대를 비롯한 각 대학에 여성 학생군사교육단(ROTC)이 창설되었다. 첫 여성 학군장교 모집에는 전체 60명 모집에 360명이

숙명여대 학군단 소속 여대생들이 군사훈련을 하고 있다.

지원해 6 대 1의 경쟁률을 기록했다. 지원자가 가장 많이 몰린 대학의 경우에는 경쟁률이 무려 10.6 대 1에 달했다. 최종 합격자 60명은 올해 첫 여성 ROTC 장교로 임관하게 됐다.

한국군 여군은 2013년 3월말 현재 8,448명으로 전체 군인의 4.7퍼센트를 차지하고 있다. 국방부는 여군 장교·부사관 인력을 2020년에는 7퍼센트까지 확대할 계획이다.

첫 여성 장군은 2002년 간호병과에서 배출되었고, 2010년에는 간호병과가 아닌 전투병과에서 처음으로 여성 장군이 탄생했다.

최초의 여군

언론은 여군에 약한 편이다. 특히 '최초의' 여군에 약하다. 한국군은 남녀 혼성군임에도 불구하고 남성들이 주도하는 군의 세계에서 여군은 화제성 기사에 속했기 때문이다.

벌써 10년도 넘은 일이지만 개인적으로는 한국군 최초의 여성 장군 1호를 특종 보도한 적도 있다. 몇몇 신문은 특정 여군 대령의 실명을 언급하면서 '대한민국 첫 여성 장군 유력'이라고 제목까지 뽑기도 했다. 신문을 보고 한 유력 후보자가 장군 예복을 미리 맞추는 해프닝까지 벌어지기도 했다.

사실 과거 언론에 나오는 여군에 대한 기사 대부분은 '최초'로 점철돼 있다. '해병대 최초의 여군 영관장교가 해병대 창설 63년 만에 처음 탄생'이나 '해군 최초의 함장 등장', '공군 최초의 전투기 조종사' 등의 기사가 그 예다.

그러다 보니 군에서 제공하는 '최초의 여군 ○○○'과 같은 보도 자료를 받아보면 쓰는 기자도 헷갈릴 때가 있다. 예를 들어 '여군 전투헬기 조종사 탄생'이라는 보도 자료를 받은 기자와 군 관계자의 대화를 한번 들어 보자.

기자_   "어, 여군 헬기 조종사는 그전부터 있었잖아요."

군 관계자_ "그냥 여군 헬기 조종사는 옛날부터 있었지만 전투헬기 조종사는 이번이 처음입니다."

개인적으로는 수송헬기 조종사면 어떻고, 전투헬기 조종사면 어떤가 하는 생각을 했지만 어쨌든 독자들은 조종 헬멧을 쓴 여군의 모습을 괜찮아 했다.

이제는 여군의 활동 영역이 워낙 다양해졌다. 그런 만큼 '최초'라는 수식어가 붙어도 기사화되는 사례가 예전 같지 않다. 여군이 되는 길도 쉽지 않다. 높은 경쟁률을 뚫어야 군복을 입을 수 있다. 여군의 인기는 사관학교 지원율에서도 엿볼 수 있다. 사관학교별 여생도 입학 경쟁률은 보통 40~50 대 1이다.

육군에서는 2002년 여군 소위 20명이 처음으로 소대장에 보직되었고, 공군에서는 2002년 첫 여군 조종사 배출됐다. 2007년에는 첫 여군 전투기 조종사가 나왔다. 해군에서는 2003년 여군 장교가 처음으로 전투함에 승선하는 등 활동 영역을 넓혀가고 있다.

한국군 여군의 참여도는 세계 최고 수준이다. 신체적 무리가 따를 수 있는 기갑, 잠수함 등 극히 일부 분야 외에 육군의 보병 소대장과 특전대원서부터 해군의 전투함 요원, 공군 전투 조종사에 이르기까지 거의 전 전투병과에 여군이 진출해 있다. 공군 조종사들의 전투 기량을 측정하는 공중 사격 대회에서도 여성이 두드러진 성적을 내고 있다.

전쟁의 개념이 개인의 육체적 능력이 중시되는 섬멸전에서 하이테크 전략무기로 적 지휘부를 무력화하는 제한적 타격전으로 바뀜에 따라 여군의 활동 영역은 더 넓어질 것으로 군 전문가들을 보고 있다. 전투병과 첫 여성 장군인 송명순 준장도 "전술이 중요해지고 첨단 과학기술이 동원되는 등 전장 환경이 바뀌고 군의 사회적 역할이 중요해지면서 갈수록 군에서 여성에 대한 역할과 기대가 늘고 있다"고 말했다.

최초의 여성 조종사

대한민국 최초의 여성 조종사는 권기옥 여사였다. 1919년 당시 평양 홍의여학교에 다니던 권기옥은 3·1운동에 참여했다가 체포됐고, 출옥 후 임시정부의 연락원으로 독립운동을 계속 했다.

국내에서의 활동이 어려워지자 권기옥은 중국으로 건너가 중국의 윈난 육군항공학교에 입학해 비행술을 배웠다. 상해로 돌아온 권기옥은 임시정부 측에 조선총독부를 폭격할 비행기를 구입해야 한다고 주장했다. 권여사는 생전에 "중일전쟁 때 상해 상공에서 폭격 비행도 했지만 나의 소망이었던 조선총독부 폭격을 끝내 못한 것이 한이다"라고 언론 인터뷰에서 말했다.

권기옥은 돈이 없어 비행기를 구입하기 힘든 임시정부를 떠나 국민당 정부에 들어가 일본군과 싸웠다. 권기옥은 일본의 도발로 잇달아 터진 만주사변(1931년)과 상하이 사변(1932년)에서 크게 활약했다. 그 공로로 무공훈장을 받았다.

권기옥의 간절한 바람인 일본 황궁 폭격이 1935년에는 이뤄지는 듯했다. 송미령 중국항공위원회 부위원장이 선전 비행을 제안했던 것이다. 선전 비행은 중국 청년들을 독려, 공군에 자원하게끔 하려는 송미령의 발상에서 비롯됐다. 화북선·화남선·남양선으로 이뤄졌다. 권기옥은 남양선 비행 마지막 순간 일본을 폭격하겠다는 뜻을 세웠다. 그러나 출발 당일 베이징의 대학생 시위로 정국은 불안해졌고, 아쉽게도 선전 비행은 취소됐다.

권기옥은 1943년 여름, 중국 공군에서 활동하던 최용덕, 손기종 등과 함께 한국비행대 편성과 작전 계획을 구상했다. 1945년 3월, 임시정부 군무부가 의정원에 제출한 〈한국광복군 건군 및 작전 계획〉 가운데 '한국광복군 비행대의 편성과 작전' 이 그것이었다. 그러나 계획을 실행에 옮기기 전에 8·15 해방이 찾아왔다

고국으로 돌아온 권기옥은 국회에서 국방위원회 전문위원으로 활약하

공군 최초의 여성 탐색구조 지휘조종사

며, 대한민국 공군 창설의 산파 구실을 했다. 1975년에는 "극일(克日) 하는 젊은이들을 키우고 싶다"는 소망을 담아 전 재산을 장학 사업에 기탁했다.

권 여사 외에 장진영이 주연으로 출현했던 영화 〈청연〉의 주인공으로 유명한 박경원이 있으며, 이정희 여사 등이 일본에서 비행 교육을 받고 한국으로 돌아와 여자항공대장으로 복무하며 후진 양성에 나섰다.

이후 공군사관학교의 정규 비행 교육 과정을 마친 최초의 전투기 조종사들은 박지연, 박지원, 편보라 등 당시 중위들이었다.

여군과 전투

한국군은 부사관급 이상으로 이뤄진 여군이 전체 병력의 4퍼센트를 차지하고 있고, 전투병과에도 배치돼 있지만 여전히 전방 초소(GOP)와 특전사의 전투 분야에는 여군 참여를 제한받고 있다.

최근 여성에게도 남성과 같은 병역의무를 부과하는 법안을 압도적인 찬성으로 통과시킨 노르웨이는 북대서양조약기구(NATO) 최초로 잠수함 근무를 포함, 모든 전투 분야에 여군을 배치했다. 캐나다와 뉴질랜드, 이스라엘 등은 군 현대화 작업과 맞물려 여군의 전투 참여를 확대하고 있다.

미군의 경우 여군을 전투병과에 배속하기로 했지만 수년 전만 해도 미 육군의 경우 전투병과에 여군이 없었다. 미 국방부(펜타곤)의 '직접 지상 전투'에 관한 규정은 여군이 최전선 지상 전투에는 직접 참가하지 못하도록 돼 있었기 때문이다. 미 육군의 여군은 수송·헌병·정보·통신·행정 분야 등의 보직을 받을 수 있지만 보병·기갑·포병 같은 전투병과 배속이 금지돼 있었다. 이라크전 개전 초 적군에 생포됐다 특수부대가 구출한 린치 이등병도 정비부대 소속이었다.

과거 미군이 전투병과에서 여성을 배제했던 것은 포로가 됐을 때와 체력적 한계를 고려해서였다. 그러나 현대전에서는 '전투'의 구분이 분명하지 않다. 수 킬로미터 후방에 위치한 야전 통신부대의 여군도 미사일 공격 밑에서는 소총수와 같은 위험에 처한다. 전투와 최전선의 개념이 모호해진 것이다. 1989년 미국의 파나마 침공 때는 29세의 헌병 장교 린다 패리시 대위는 소대원 30명을 이끌고 50구경 기관총으로 전투를 벌여 파나마군 3명을 사살하기도 했다.

이라크전 등 몇 차례의 전쟁을 치르면서 최전선의 개념이 모호하다는 사실을 확인한 미 국방부는 여군에 대한 전투 임무 배치 금지 규정을 폐지했다.

미군은 1976년 육군사관학교인 웨스트포인트에 최초로 여생도를 받은

여성 예비군들이 강원도 홍천의 육군 과학화 전투훈련장에서 KCTC훈련(과학화 훈련)을 하고 있다.

것을 시작으로 모든 병과를 여군에게 개방했지만, 유독 최전방의 전투 분야는 제한해 왔다. 그러나 이제는 특수부대에도 여군을 투입해 2015년부터 훈련 실시에 나설 것으로 알려졌다. 육군은 2015년 7월, 해군은 2016년부터 여군의 특수부대 배치를 허용하겠다는 것이다. 이렇게 되면 전통적으로 여군의 참여가 금지됐던 네이비 실과 레인저 등 특수부대에서도 여군을 볼 수 있게 된다. 데미 무어가 주인공으로 나왔던 할리우드 영화 〈지 아이 제인〉이 현실화되는 것이다.

다른 얘기지만 엄격한 훈련으로 유명한 미 해병대 훈련소에서 가장 무서운 훈련 교관은 대개 키가 작고 당차게 생긴 여군 상사라고 한다.

시계를 거꾸로 돌려보자. 1962년 5월 국방부는 '제1회 미스 여군 선발
대회'를 육군본부 강당에서 열었다. 이 대회에는 육군 여군대대와 여군
훈련소 등에서 서류심사 등을 통해 선발된 총 7명이 출전했다. 여기서 뽑
힌 미스 여군 진·선·미는 같은 해 6월 16일 열린 미스 서울 특별 예선
대회에 참가했다.

미스 여군 선발대회 절차는 야회복(드레스)과 수영복 심사까지 있는 등
미스 코리아 선발대회와 비슷했다. 다만 군복 심사가 있었다는 것이 미
스 코리아 대회와 다른 가장 두드러진 차이점이었다.

당시 일간지에도 미스 여군 선발대회의 결과가 실렸다. 〈동아일보〉는
1964년 대회에서 예선을 거쳐 올라온 11명의 후보자 가운데 진에 김명
자 하사, 선에 이춘자 상병, 미에 김연순 중위가 선발됐다고 이들의 사진
과 함께 보도하기도 했다.

그러나 미스 여군 선발대회가 미스 코리아 대회의 여군 예선대회처럼
운영되는 것에 대한 비판이 나오기 시작했다.

그러자 군 당국은 1968년 대회부터는 미스 코리아 선발대회 출전이 목
표가 아닌 용모와 품행이 단정한 모범 여군을 선발하는 데 중점을 두겠
다고 밝혔으나 결국 반대 여론에 밀려 미스 여군 선발대회는 1972년 대
회를 끝으로 폐지됐다. 1, 2, 3등의 명칭을 '진·선·미'가 아닌 '용·
지·미'로 바꾸는 등 나름 많은 노력을 했으나 허사였다.

군이 미스 여군 선발대회를 개최한 가장 큰 이유는 여군 모집을 위한
홍보 차원이었다. 당시만 해도 여군에 대한 인식이 지금과는 달라도 많

이 다른 시절이었기 때문이었다.

이제는 하나의 전문 직업인으로서 여군에 대한 인식이 확고하게 자리 잡았다. 게다가 이제 한국군은 남자만의 세계가 아니다.

한국군은 남녀 혼성군이다. 미스 여군 선발대회까지 열어가면서 여군을 모집하려 했던 시절과 비교하면 상전벽해의 변화를 거쳤다. 여군의 위상은 그만큼 높아졌다. 여성 입장에서는 위상이 높아진 게 아니라 제자리를 찾아가고 있다고 볼 수도 있겠다.

여군 브래지어는 국방색인가

여군 브래지어도 국방색일까? 가끔 주변에서 뚱딴지같이 물어오는 질문이다. 배우 김영호도 언젠가 한 방송 예능 프로그램에 출현해 훈련병 시절 여군의 속옷 색깔도 남성 군인 속옷처럼 국방색일까가 너무 궁금해 여군 장교에게 "여군 브래지어, 팬티 속옷도 국방색이냐"고 물어봤다가 성희롱 죄로 영창에 갈 뻔했다고 밝힌 적이 있다.

동영상 사이트 유튜브에는 '이스라엘 여군들이 총을 들고 춤을 추는 영상'이라는 제목으로 영상이 올라온 적이 있다. 여기서 이스라엘 여군들의 브래지어와 팬티는 국방색이 아니었다.

그렇다면 실제 여군의 브래지어 색깔은 무엇일까. 정답은 '국방색일수도 있고, 아닐 수도 있다'이다. 왜냐면 한국군 여군은 국방부로부터 피복비를 정기적으로 지급받아 속옷을 구매하기 때문이다. 본인이 원한다면 국방색 브래지어도 구할 수 있을 것이다.

다른 나라 여군들도 한국군 여군처럼 피복피를 대부분 지급받고 있다. '남녀평등'의 나라 스웨덴도 마찬가지이다. 그런데 스웨덴 여군들은 군 당국에 전투용 브래지어의 지급을 요구했던 적이 있다. 스웨덴 모병위원회(The Swedish Conscript Council)는 2009년 군 최고사령관에게 브래지어 고리가 약해 여군들의 전투 수행에 문제가 있다고 건의했다. 여군들이 훈련 도중 브래지어가 흘러내리면 하던 일을 멈추고 옷을 다시 갖춰 입는 일이 반복되는 것은 물론 브래지어가 가연성 소재여서 총을 쏠 때 불똥이 튀면 브래지어가 녹아내려 화상을 입을 우려가 있다는 것이다.

이에 대해 스웨덴 군 당국은 "군용 브래지어 개발을 추진해 지급하겠다"고 밝혔으나 실제로 보급됐는지 여부는 아직 확인되지 않고 있다. 스웨덴군의 여군 비율은 5퍼센트 정도이다.

호기심 차원에서 한국군 여군의 경우가 궁금해 친한 여군 장교에게 살짝 물어본 적이 있다. 그때 돌아온 답이 "컵 사이즈와도 연관이 있는 것 같다"였다. 나름대로 의미심장한(?) 해석이었던 것 같다.

이와는 별도로 스웨덴 여군은 "스웨덴과 핀란드, 노르웨이, 아일랜드, 에스토니아 등 북유럽 5개국의 연합군인 북유럽전투단의 사자 문장(紋章)이 생식기를 드러내고 포효하고 있어 '정체성에 혼란을 느낀다'"고 2007년 유럽재판소에 제소해 문장 속 수사자의 성기를 지워버린 전력도 있다.

세계의 여군

얼마 전 이스라엘 여군들이 노출 사진을 찍어 페이스북에 올리면서 온라인상으로 유포돼 화제가 됐다. 사진 속 여군들은 군복 바지를 내리고 속옷과 엉덩이 등을 노출한 채 사진을 찍었다. 다른 사진에는 속옷 차림 여군 다섯 명이 헬멧을 쓰고 전투 장비를 걸친 채 포즈를 취하는 모습도 보였다.

이스라엘에서는 여성이라도 17세부터 입대 준비를 해 만 18세가 되면 군에 입대한다. 여군이 차지하는 비율은 31퍼센트로 알려져 있다. 이스라엘 경우 여성은 2년간 의무 복무(남성 3년)를 하고 있지만 비전투 분야에 근무한다. 이스라엘은 전쟁이 벌어지면 여군을 후방 지역으로 배치하도록 하는 계획이 세워져 있다. 이는 여군이 포로로 잡혔을 경우 군 사기에 미치는 영향을 배제하기 위해서라고 한다.

중국과 대치하고 있는 대만은 직업군인 제도인 모병제(募兵制)로 단계적 전환을 추진하고 있는데 여군이 인기를 끌고 있다고 한다. 2012년 여군 모집 과정에서는 800명 정원에 5천 명의 지원자가 몰려 계획보다 100명이 많은 900명의 여군을 선발했다. 올해도 상반기 직업군인으로 선발한 2,464명 가운데 45.3%인 1,116명이 여성이었다. 대만에서 이처럼 여성이 군으로 몰리는 이유는 사회적으로 취업난이 심각한데다 보수와 각종 복지 수준이 높기 때문이다. 대신 남성 지원자가 부족해 골머리를 앓고 있다고 한다.

미군은 2012년 기준으로 전체 병력 140만 명 가운데 여군이 14.9%를 차지하고 있다. 육군 14%, 해군 15%, 공군 20%, 해병대 6% 등이다.

노르웨이는 1976년부터 여자들의 자원입대를 허용한 이후 양성평등을 목적으로 37년 만에 유럽 최초로 여성 병역을 의무화했다. 이에 따라 여성들도 2015년부터는 1년간 병역의무를 이행해야 한다. 그러나 대학 진학이나 해외 체류, 공공 봉사 등 여러 가지 이유로 병역을 연기할 방법이 많은 것으로 알려졌다. 흥미로운 것은 노르웨이에서는 군대를 국가 공인 자격증을 무료로 딸 수 있는 자기 계발의 장소로 여기는 것은 물론 장기 캠핑을 가는 기분으로 군에 입대하는 젊은이들도 있다는 점이다.

노르웨이 여군은 노르웨이군 병력의 10퍼센트를 차지하고 있고 여성 의무 복무제 시행으로 2020년까지 두 배로 늘어날 것으로 예상된다.

현재 여성 징병제를 실시하는 국가는 북한, 쿠바, 이스라엘, 수단, 차드 등이 있다.

북한의 여군

북한에서는 심리전 부대나 행정기관에서 여군을 쉽게 볼 수 있다. 또 교환수, 무전수, 기동 통신(우편)중대, 의무병, 보위부(헌병) 등에 여군이 많이 배치돼 있다. IL-28 같은 폭격기의 경우 승무원이 모두 여군으로 교체됐다는 정보도 있다. 14.5mm 고사기관총 부대도 전원 여군으로 구성돼 있고, 여군으로만 편제가 이뤄진 연대와 대대도 있는 것으로 군 정보 기관은 파악하고 있다.

영국 신문 〈데일리메일〉은 "김정은의 '미니스커트 로봇 부대'"라는 제목의 기사에서 평양 김정일 광장에서 열린 정전 60주년 기념 열병식에서 엄격한 훈련을 받은 북측 여군들이 미니스커트를 입고 마치 로봇 부대처럼 질서 정연하게 행진했다고 보도하기도 했다.

북한 공군에는 여성 수송기 조종사는 있지만 전투기 조종사는 없다.

해군과 여군

영국군이 1901년 최초의 잠수함 홀랜드 1호를 운용하기 시작한 이후 110년 동안이나 여성들에게 굳게 문을 닫아왔던 잠수함에서의 여군 근무를 허용하기로 한 것은 불과 수년 전이다. 다른 군에 비해 해군은 세계 어느 나라에서도 금녀의 벽이 높았다.

영국군은 잠수함 내 재생 공기의 이산화탄소 농도가 여성의 임신과 출산 기능을 떨어뜨린다는 옹색한 논리를 여군의 잠수함 근무를 금지하는 이유 중 하나로 내세우기도 했다. 이는 물론 과학적, 의학적 증거가 없는 논리였다. 물론 임신한 여군의 경우는 다르다.

영국 해군 외에 호주와 캐나다, 덴마크, 스웨덴, 노르웨이 해군은 이미 여군의 잠수함 근무를 허용하고 있다. 미군도 2011년 여군에 대한 잠수함 근무 금지 규정을 폐지했다.

한국 해군은 여전히 여군의 잠수함 근무를 허용하지 않고 있다. 그러나 수상함에서는 여군을 쉽게 볼 수 있다. 해군은 함상에서 근무하는 여군의 사생활 보호를 위해 여군이 기거하는 함내 숙소에 잠금장치를 설치해 놓고 있다. 이 잠금장치를 열 수 있는 비밀번호는 여군 당사자와 함장만이 알고 있다. 함장이 비밀번호를 알고 있는 까닭은 만일의 비상사태 때문을 열어야 하는 경우를 대비해서이다.

해군에서 여군은 6·25 때 탄생했다. 조국을 구하겠다는 신념으로 해병대에 지원한 제주도의 여학생과 여교사들이 그들인데 이들은 여자의용군이라는 이름으로 입대식을 했다. 여자의용군 126명은 M1 소총과 칼빈 소총을 휴대한 단독 무장으로 제식훈련, 총검술, 사격 훈련, 포복 훈련 등 남자들과 똑같은 훈련을 받았다. 이들은 1950년 10월 10일 신병 훈련소 특별 분대 수료와 동시에 장교와 하사관, 병으로 각각 임관(용)됐다.

계급과 군번을 부여받은 이들은 당시 부산에 있던 해군본부와 진해의 통제부, 해군병원 등에 배치돼 근무하다가 휴전회담으로 전선이 교착상태에 있던 1951년 12월 모두 제대했다.

여군과 섹스

한 인터넷 전문가가 조사한 결과, 인터넷의 포털 사이트에 '신'(god)을 빼고 가장 많이 뜨는 단어가 '섹스'(sex)라고 한다.

그 진위는 둘째 치고 현대인에게 성(性)이란 끊임없는 탐구 대상인 것만은 틀림없다. 가정·직장·심지어 우주에서의 섹스 문제까지 연구 대상이다.

미국항공우주국(NASA)에 따르면 우주에서 가장 어려운 것 중의 하나가 섹스라고 한다. NASA는 1992년 부부 우주 비행사인 마크 리 대령 부부를 우주에 보낸 것을 시작으로 이 분야 연구를 계속하고 있다.

NASA의 연구에 따르면 무중력 상태에서 남녀 가운데 어느 한쪽을 고정시키지 않으면 섹스는 무척이나 고통스러운 작업이다. 약간의 접촉에도 상대는 튕겨나가 벽에 부딪쳐 멍드는 것이 우주에서의 섹스이기 때문이다.

또 시속 18km에 달하는 정액의 이동 속도가 과거에 비해 늦어졌고 지난 반세기 동안 남성들의 평균 정자 수가 계속 감소했다는 한 연구 기관의 발표도 흥미롭다.

이에 대해 전문가들은 스트레스 증가, 인스턴트식품 범람 등으로 인한 환경 호르몬의 급증이 큰 원인이라고 진단한다.

한편에서는 현대 남성의 경우 남녀의 '성 전쟁'의 피해자라는 주장을 내놓기도 한다. 급격히 부상한 여성 권리, 여성해방운동, 성희롱 방지법 등으로 인해 '남성 우월주의'가 크게 위축되면서 상대에 대한 성적 매력이 크게 떨어졌다는 것이다.

전쟁을 대비하고 치르는 조직인 군에서의 섹스는 어떤 특징이 있을까. 나아가 '네오 아마조네스' 집단인 여군의 경우는 어떨까.

전쟁터에 여군을 투입하고 있는 미군과 영국군의 사례를 한번 보자. 몇 년 전 영국 육군 잡지인 〈솔저〉는 여군 1인당 콘돔 50개를 무료로 지급한다는 내용의 광고를 실었다. "살아남으려면 콘돔을 사용하라"(hands on survival, use condom)는 광고 문구는 장병들의 눈길을 끌기에 충분했다.

이 같은 광고는 전투 현장에서의 섹스를 부추긴다는 일부 비난 여론에도 불구하고 영국 국방부가 임신을 하는 여군 병사들이 크게 늘어날 것을 우려한 데 따른 것이었다. 한 통계에 따르면 100명이 넘는 해외파병 영국 여군이 임신해 본국으로 귀국했다고 한다.

영국군은 전투 지역에 주둔하는 병사들이 성관계를 맺는 것을 금지하고 있으나 작전에 영향을 미치지 않는 한 비슷한 계급끼리의 성관계는 묵인하고 있다고 한다.

미군은 이라크전 당시 티크리트 주둔 미군기지 내에서 성행위로 임신을 한 여군 4명과 그 파트너 3명 등 7명에 대해 징계처분을 내린 적이 있다. 임신한 병사에게 중징계가 내려진 것은 미군 역사상 처음이었다. 이는 전투 지역 내에서의 성행위를 군의 사기를 떨어뜨리는 행위로 간주한 데 따른 것이었다.

미군의 경우 1991년 1차 걸프전 때는 참전 병사들이 귀환한 후 미국 내 각 군 기지에서는 임신부가 급증하면서 '사막의 폭풍' 작전이 '베이비 폭풍'으로 이어지기도 했다. 일각에서는 남녀 군인들이 전장 스트레스 해소 차원에서 섹스를 찾았다는 해석이 제기되기도 했다.

흥미로운 사실은 미군이나 영국군이 여군의 섹스를 성 군기 문란 차원이 아니라 전투력 손실 차원에서 바라본다는 점이다.

이처럼 여군의 섹스와 임신 등은 어느 나라나 군 수뇌부의 골머리를 앓게 하는 두통거리지만 뾰족한 대책은 별로 없어 보인다. 한국군의 경우에는 여군들이 처한 전반적인 환경에 대한 연구가 많지 않은 편이다.

군내 여군 영관 장교들과 얘기를 하다 보면 그들이 그 자리에 오기까지 겪었던 어려움은 만만치 않다. 한 간부는 신병훈련소 중대장 시절 행군을 앞두고는 물을 많이 마시지 않았다고 한다. 심지어 국도 마찬가지로 되도록이면 피했다고 한다. 화장실 문제 때문이었다.

남자 군인들은 행군 도중 적당한 장소를 찾아 동료들과 등을 돌리고 서서 볼일을 보면 그만이다. 그러나 여군은 볼일을 볼라 치면 좌고우면이 필수적이다. 게다가 극도로 예민한 긴장 속에서 볼일을 봐야 한다.

당사자들에게는 웃을 일이 아니다. 한 여군 질병 관련 세미나에서는 여군들에게 잦은 질환은 생리 불순, 요도염, 결석 등이라는 연구 결과가 발표됐다. 이는 여군의 경우 훈련을 할 때 화장실 사용 제한으로 요도염 발병 가능성이 높고 스트레스로 인한 생리 불순 등이 많은 데 따른 것이었다.

해마다 여군이 늘어나는 추세임에도 불구하고 군내 여성 질환 진료는 전담 인력 부족 등으로 여전히 '사각지대'라는 평가를 받고 있다.

이와 함께 여성스러움이 먼저냐, 전투력이 먼저냐 하는 것도 여군들의 고민일 수 있다. 물론 군에서는 전투력이 먼저이겠지만 환경은 꼭 그렇지 않다. 과거 군의 한 장교가 실시한 조사에서 상당수 여군 장교가 전투복을 입었을 때 부하들의 시선이 힙 라인에 쏠리는 것을 느꼈다고 답했다. 그나마 이제는 군복 상의를 밖으로 내놓고 있게 됨에 따라 그런 문제는 상당 부분 해소됐다고도 볼 수 있겠다.

또 지원군인 미군과 달리 의무병인 한국군 병사들의 '성 인식'에 대한 연구나 조사는 전무한 실정이다. 갈수록 부부 군인도 늘고 있는 추세다.

국방부 지침에 따르면 남녀 군인 간의 신체 접촉은 악수 정도만 허용하고 있다. 남녀 군인이나 군무원 2명이 단독으로 사무실에 있을 경우 반드시 문을 열어 놓아야 하고, 교육이나 임무 수행 중 팔짱을 끼거나 껴안는 행위 등은 모두 허용되지 않는다.

군에서도 섹스에 대한 언급을 터부시할 필요는 없을 듯하다. 과도한 규제는 오히려 부작용을 낳을 가능성이 높다. 성에 대한 군 내부의 담론도 잘만 정리되면 불미스러운 사고 예방과 함께 전투력 향상에도 기여할 수 있다고 여겨진다.

잠수함의 세계

한국 해군 잠수함에는 ㅇㅇ가 있다

한국 해군 잠수함에는 다른 나라 잠수함에서는 찾기 힘든 비데가 있다. 해군 잠수함의 화장실에 '떡' 하니 자리 잡고 있는 비데를 보고 미군 잠수함 장교들은 "우리 잠수함에도 설치하는 것이 좋겠다"고 말했다고 한다. 나는 우리 해군의 214급 잠수함인 손원일함에 탑승했을 때 비데를 목격했다.

해군이 잠수함에 비데를 설치한 것은 특별한 이유가 있다. 흔히들 가정집에서는 쾌적한 용변과 특정 부위의 마사지 효과를 위해 비데를 설치하지만 잠수함의 경우에는 이유가 상당히 다르다.

물론 비데의 일반적인 효과는 잠수함에서도 마찬가지이지만 가장 큰 설치 동기는 휴지 사용을 줄이기 위해서이다. 또 변비에 시달리는 잠수함 승조원들의 용변을 돕기 위해서다.

먼저 잠수함 내에서 승조원들은 음식 섭취 조건이 지상과는 다르다. 충분한 수분 섭취가 쉽지 않은 탓이다.

게다가 잠수함 내부는 아무래도 건조하다. 그러다 보면 변비가 생기기 쉽다. 이 경우 비데의 마사지 겸 자극 효과는 어느 정도 변비에 도움이 된다.

비데와 휴지 사용의 관계도 재미있다. 깔끔한 것을 좋아하는 요즘 세대의 특징은 잠수함 승조원들에도 해당된다. 이들은 용변 후에도 깔끔한 뒤처리에 신경 쓰는 경향이 강하다. 그러다 보니 뒤처리하는 데 화장지가 꽤 많이 들어간다. 이는 곧잘 변기 막힘 현상으로 이어진다. 물이 귀한 잠수함에서 변기가 물을 내리는 능력은 지상 화장실에는 못 미치기 때문이다.

문제는 잠수함 내에서는 '뚫어 뻥' 하기도 쉽지 않을 뿐 더러 이 과정에서 방출되는 악취는 골칫덩어리다. 변기에서 나온 악취는 금방 잠수함 내부에 스며든다. 그렇다고 은닉성을 생명으로 하는 잠수함이 화장실 악취 제거를 위해 수면 위로 급부상할 수는 없는 일이다. 그래서 나온 해결책이 비데다. 비데를 사용하면 많은 화장지가 필요하지 않기 때문이다.

한편 214급 잠수함에는 샤워 시설까지 있다. 물론 공간이 협소해 일반적인 샤워실 크기를 생각하면 곤란하다.

잠수함의 천적은 그물

잠수함과 구축함이 서로 쫓고 쫓기는 훈련을 계획했으나 기상이 악화돼 훈련이 취소됐다. 그러나 잠수함은 이미 훈련 개시 시간에 맞춰 사전에 물속에 있기 때문에 훈련이 취소됐다는 통보를 받을 수가 없다.

결국 기상이 나빠지면서 구축함과 같은 수상함들은 항구로 철수했지만 잠수함은 훈련이 예정대로 실시되는 줄 알고 물속에서 요리조리 다니게 된다.

물론 잠수함도 이상한 것을 느꼈다. 잠수함을 추적하는 임무를 맡은 수상함들이 레이더에 나타나지 않았기 때문이다. 그렇다고 수면으로 부상할 수도 없다. 뭔가 이상한 것을 느끼지만 잠수함은 예정대로 물속에서 자신이 맡은 '도망자' 역할에 충실할 수밖에 없다.

물 위에서 쫓는 군함이 없는데도 불구하고 물속에서 요리조리 다니는 모양이 굳이 속담에 비유하자면 '달밤에 혼자 체조' 하는 격이다.

그렇다면 이 경우 대잠 훈련이 벌어진 것인가, 아닌가 하는 딜레마에 빠지게 된다. 수상함 입장에서는 훈련이 취소됐지만 잠수함 입장에서는 훈련을 한 셈이기 때문이다. 이 같은 예상치 못한 일은 잠수함은 작전이 끝날 때까지는 모든 기동이 은밀하게 이뤄지기 때문에 벌어질 수 있다. 잠수함이 일단 항구를 떠나면 관련된 모든 사항이 비밀로 분류된다.

해군이 이처럼 잠수함 운항에 대해서는 철저하게 비밀에 부침에도 불구하고 잠수함의 움직임은 어부들에게 곧잘 포착된다. 주로 잠수함이 스노클링을 하기 위해 스노켈(외부 공기를 빨아들여 엔진을 가동, 축전지를 충전하는 시스템)을 수면 위로 올렸다가 포착된 경우들이다.

잠수함은 물고기를 찾는 데 사용하는 어군탐지기에 걸리기도 한다. 어군탐지기는 반경 1km, 깊이 1.4km를 탐색하기 때문에 그 범위에 들어가면 물고기보다 훨씬 큰 잠수함은 쉽게 정체가 노출된다. 가끔은 어군탐지기를 통해 물고기 떼로 오인돼 그물이 잠수함을 덮치는 경우도 있다.

1996년 잠수함을 타고 강릉 안인진리에 침투했던 간첩 이광수는 "북한

한국 해군의 장보고함

이 잠수함을 이용해 수중 침투를 시도할 때 가장 두려워하는 게 남한 어
선"이라고 진술하기도 했다. 당시 이광수가 타고 온 북한의 상어급 잠수
함은 해안을 50여 미터 남겨놓고 스크루가 암초에 얹히는 바람에 정체
가 노출됐다. 상어급 잠수함 함장 정영구 중좌는 정찰조를 태우고 빨리
빠져 나가기 위해 스크루를 역회전시키며 해안 쪽으로 잠수함을 후진해
접근했다. 이는 '스크루를 위험 물체 쪽으로 향하지 말라'는 조함 규칙을
어기는 행위였다. 만약 잠수함이 뱃머리를 해안 쪽으로 해서 접근했다면
암초에 걸렸다 해도 후진해 빠져 나갈 수 있었다는 게 잠수함 전문가들
의 분석이었다.

암초보다는 어망과 같은 그물이 잠수함에게는 오히려 '쥐약'이다. 그물
이 스크루에 걸리는 순간 잠수함은 꼼짝달싹하지 못하기 때문이다.

잠수함이 그물에 걸렸다고 벗어나지 못하는 것은 아니다. 수심이 얕은 곳에서는 잠수부가 나가 그물을 잘라버리면 그만이다. 잠수함은 작전 중 그물에 걸렸을 때를 가정해 이를 벗어나는 훈련을 수시로 한다. 그러나 수심이 100여 미터 이상으로 잠수부가 나가기 힘든 상황이면 그물을 스크루에 단 채로 물 위로 부상하거나 일정 수심 이상으로 부상해 그물을 해체해야 한다.

잠수함에서 생활한다는 것

해군의 214급 잠수함을 탑승해볼 기회가 있었다. 전투정보실 등을 포함한 핵심 부분은 전혀 볼 수는 없었지만 잠수함 승조원들이 어떤 환경에서 근무하는지는 충분히 간접 경험할 수 있었다.

우선 과거 209급 잠수함 내부에서 느꼈던 답답함은 많이 가셨다. 하지만 좋아졌다고 해도 좁은 통로와 전 승조원이 한꺼번에 잘 수 없는 침실 환경 등은 여전했다. 승조원들은 자부심으로 불편함을 극복하고 있었다.

미 핵잠수함 역시 내부 공간이 넓다고는 해도 잠수함은 잠수함이다. 길이가 170m에 달하는 오하이오(SSGN 726)함을 방문했을 때도 공간을 최대한 활용하기 위한 아이디어는 다 동원하고 있었다. 2열로 늘어선 총 24개의 직경 2.7m짜리 수직발사관 사이 틈새 공간을 이용해 침투 특수부대원들의 체력 단련을 위한 러닝머신 등 운동기구들을 배치해 놓은 것이 대표적인 예였다.

힘든 근무 환경은 잠수함 승조원 지원을 꺼리게 만든다. 스페인 같은 경우에는 지원자가 워낙 없어 고민하다가 수년 전 스페인계 남미인들의 잠수함 승조원 지원을 받았다. 일정 기간 복무 후 스페인 시민권을 준다는 조건이었다.

물질적 안락함의 영향력이 갈수록 커지면서 군인들이 근무 환경을 무척이나 따지는 것은 세계 각국의 공통점이 된 것 같다. 이는 일본 방위대학을 방문했을 때도 확인할 수 있었다. 방위대 간부들에게 물어보니 항공자위대 지원자가 가장 많고 그 다음이 육상자위대, 해상자위대 순서라고 소개했다. 나중 전역 이후를 고려해 민간 항공사 취업이 용이한 항공자위대에 지원자가 몰리는 데 반해, 장기간 항해에 나서 집을 비우는 날이 많은 해상자위대를 피하는 경향이 있다는 것이다.

우리 군의 경우 진급율 등 여러 가지 요인이 있겠지만 공군 조종사들의 잦은 이직으로 고민이 깊다. 해군에서도 잠수함 승조원 모집이 과거와 비교해 어려워지고 있다. 군은 이를 고려해 금전적인 지원으로나마 보완하려는 노력을 하고 있다.

잠수함에서의 식사

잠수함의 생명은 은밀성이다. 일단 출항하면 입항할 때까지 수중에서만 작전하기 때문에 함 내의 요리 환경도 제약을 받는다. 내부 공간이 좁아 음식 재료의 보관 공간도 제한받는다. 보관 기간까지 고려하다 보면 적재 가능한 음식 재료의 종류도 제한될 수밖에 없다.

잠수함은 보급품을 받기 위해 부상해서 군수지원함을 만난다거나 항구로 들어오게 되면 잠수함 위치 노출되기 때문에 이 역시 피해야 한다. 이 때문에 잠수함은 출항할 때 전 작전 기간 동안의 식량을 미리 적재하고 출항한다. 그러나 잠수함에 싱싱한 야채와 과일을 싣는다 하더라도 작전 중반을 지나면 사실상 불가능해진다. 게다가 식사 준비 중 함장의 명령으로 잠수함이 긴급 잠항이라도 하게 되면 그야말로 난리가 난다.

잠수함에는 전문 요리사도 없어 조리 절차가 까다로운 음식은 퇴출 대상이다. 이미 반 정도 가공돼 있는 재료를 선택해 굽거나 튀기는 것이 아닌 삶거나 쪄서 바로 막을 수 있도록 하는 게 통상적인 요리 과정이다.

잠수함 안에는 첨단 장비가 많아 기름에 튀기는 음식은 사실상 금기 대상이다. 음식을 튀길 때 나오는 유증기가 공중에 떠다니다가 장비에 누적돼 전자 장비의 오작동을 일으킬 수 있기 때문이다.

잠수함에 부식을 싣는 작업도 예사롭지 않다. 도면을 갖고 적재 공간을 확인하며 신선도 유지를 우선으로 순서를 맞춰 부식을 적재하게 된다. 경우에 따라서는 비어있는 어뢰발사관도 부식 창고로 이용된다.

재래식 잠수함 대부분이 접이식 침대를 사용하면서 펼치면 침실이 되고, 접어서 모여 앉으면 회의실이 되고, 탁자를 설치해 앉아 식사를 하면 식당이 된다.

보통 성인 일일 영양 권장량은 2,500kcal지만 잠수함 승조원은 5,000kcal를 통상 섭취한다. 승조원들은 소리만 듣고 항해하는 잠수함 안에서는 고도로 정신을 집중해 근무를 서야 하고 항상 긴장 상태여서 보통 장병보다 더 많은 칼로리가 요구된다.

고추는 승조원에게 땀을 흘리게 해주는 인기 품목이다. 후식으로는 사과, 배 등 과일도 제공되지만 수박은 씨가 함 내의 청결에 지장을 줄 수

해군의 P-3C 해상초계기가 경비함정과 정보를 교환하며 잠수함을 추적하는 훈련을 하고 있다.

있고 장비에 손상을 줄 수 있기 때문에 피한다.

　잠수함 승조원의 혜택은 심해수를 무한정 마실 수 있다는 점이다. 시중에서 고가에 팔리는 심해수로 밥을 해먹고 커피도 끓여 마신다. 한국 해군에는 함장이 처음 잠수함에 타는 승조원들과 함께 심해수를 마시며 잠수함 요원으로 새로 출발하는 것을 축하하는 관행이 있다.

잠수정 태운 잠수함

　미군이 항공모함 조지 워싱턴함처럼 한국 언론에 단골로 공개하는 잠수함이 있다. 미 해군 SSGN 726 오하이오함(Ohio, 18,750톤)이다. 미국 해군의 핵 추진 잠수함 오하이오함은 길이 170m, 너비 12.8m로 미 해군이 보유한 잠수함 가운데 가장 크다. 미 해군은 오하이오급 잠수함 4척을 보유하고 있다.

한국 해군이 보유한 잠수함 중에서 가장 규모가 큰 손원일함이 길이 65.3m, 폭 6.3m인 것을 감안하면 오하이오함의 규모를 짐작할 수 있다. 승조원 40명이 탈 수 있는 손원일함(1,800톤급)에 비해 오하이오함는 수중 배수량 면에서 10배 규모다.

오하이오함은 2008년 처음 한반도에 왔을 때의 목적은 한미 특수부대의 적 후방 해상 침투 훈련이었다. 154발의 토마호크 크루즈 미사일을 탑재한 오하이오함은 한반도에서 전쟁이 났을 때 1,600km 떨어진 목표물을 정확히 요격할 수 있다. 필요하다면 최장 2,500km 떨어진 곳에서도 북한의 전략 목표물을 공격할 수 있다. 오하이오함은 미 해군의 수상함과 잠수함을 통틀어 가장 많은 재래식 무기를 탑재할 수 있다.

부산 해군기지에 정박한 미 잠수함 오하이오함을 방문한 적이 있다. 잠수함의 심장부인 조종실(컨트롤)은 2층의 수직 통로를 5, 6미터 내려가서야 다다를 수 있었다. 지휘 및 통제실 역할을 하는 조종실은 방향·속도·심도·사격 통제·음파 탐지 등 주요 사항을 표시하는 디지털 계기판으로 가득 차 있다. 이곳에서는 2~6년차 경력의 사관들이 4개 그룹으로 나눠 잠수함 항해 등을 통제하고 있다. 통합 잠수함 화상시스템까지 갖춰 오하이오함은 해도가 필요하지 않다.

오하이오함에는 잠수함의 상징인 잠망경이 없었다. 디지털 장비로 교체돼 잠망경 대신 대형 화면에 잠수함 주변의 모습이 한눈에 들어오기 때문이다.

오하이오함에는 통상 160여 명의 승조원과 66명의 특수전 요원 등이

미 해군 오하이오함의 전투정보실 내부 계기판

탑승한다. 공기 정화 시스템 등을 고려해 최대 280명까지 태울 수 있다. 오하이오함은 승조원들이 90일간 먹을 수 있는 음식을 비축해 놓고 미 해군기지를 떠났다.

오하이오함은 1980년 최초의 탄도유도탄 잠수함으로 제작됐으나 냉전시대가 종식되면서 2005~2006년 개조를 거쳐 특수전 작전용으로 변신했다.

오하이오함은 총 66명의 특수전 요원을 태울 수 있다. 미군은 특수전 요원들의 침상과 운동 시설도 공개했다. 특수전 요원들의 3단 침상은 미사일 격납고와 좁은 통로를 두고 나란히 배치돼 있었다. 핵미사일을 쏠 수 있는 24개의 미사일 발사관 중 5,6개는 특수전 대원들이 수중 침투를 할 수 있는 공간으로 활용되고 있다. 또 두 번째 발사관은 특수전 요원들을 전진 배치시키는 통로로 개조해 사용되고 있다.

미 해군은 적지에 침투하는 특수 요원의 체력 유지를 위해 오하이오함

미사일 격납고 사이의 1미터도 안 되는 좁은 공간에 자전거를 설치해 놓았다. 자전거 페달을 밟으며 심폐기능과 근육을 강화할 수 있도록 한 조치다.

배에서 가장 낮은 곳에는 대잠·대함전에 사용되는 어뢰(MK48) 8기와 4기의 발사대가 자리 잡고 있다. 잠수함이지만 맹장 수술 등 비교적 간단한 응급 수술을 할 수 있는 의무대도 있다.

오하이오호의 갑판 위에는 미 해군의 실(Seal) 대원 4~6명을 태운 수중 운반체를 탑재한 '드라이 데커'(침투 대기실)를 부착할 수 있다. 40톤 규모의 소형 잠수정이 이 도크를 이용해 출입할 수 있다. 잠수함이 수심 15미터로 부상하면 침투용 잠수정이 밖으로 나가게 된다. 한국 해군의 특수전단 요원들도 미 해군의 실 대원들과 함께 이를 이용해 침투 훈련을 하고 있다.

209급은 베스트셀러

잠수함은 44개국에서 600여 척을 운영하고 있다.

한국 해군의 최초 잠수함인 장보고함은 독일의 209급이다. 독일 209급은 13개국에 53척이 판매돼 가장 많이 팔린 잠수함으로 기록되고 있다. 장보고급은 배수량 1200톤 규모로 어뢰 14문과 미사일 8기를 장착할 수 있고 한 번 출항하면 최대 50일 동안 작전이 가능하다.

러시아의 로미오급은 3개국에 41척, 킬로급은 6개국에 21척이 판매되었다. 재래식 잠수함의 수출 주도국은 독일과 러시아인 셈이다.

포클랜드 전쟁에서 영국과 싸운 아르헨티나의 209형 산루이스함도 독일에서 수입한 잠수함이다. 수중 250m까지 잠항이 가능하고 수중 최고 속력은 22노트(40km)다.

우리나라는 이제 209급 잠수함을 국내에서 생산한데 이어 해외 수출에 나서고 있다. 이미 인도네시아가 한국산 잠수함 도입 계획을 밝혀 놓은 상태다.

섬나라 인도네시아는 인근 해역에 원유 수송의 주요 항로인 말라카 해협이 있다. 인도네시아는 복잡한 해상 경계선에 따른 해양 영유권 분쟁에서 주도권을 잡기 위해 해군력 증강에 나서고 있다. 전력 증강 작업의 일환으로 잠수함을 2척 보유하고 있는 인도네시아는 장보고급 3척을 추가로 도입하려는 것이다. 장보고급 수출 대금은 10억 5천만 달러에 달하는 것으로 알려졌다.

세계에서 가장 큰 잠수함은 러시아의 핵잠수함인 타이푼급이다. 1981년부터 1989년까지 6척이 취역해 운용중이다. 수중 2만 6,500톤으로 장보고급의 약 19배다. 길이도 171.5m로 209급의 약 3배다. 이 정도면 골프장의 평균적인 '파 3홀' 보다 길다.

타이푼급은 바닷속 300m까지 내려가고 수중 26노트(48km) 속도로 운행할 수 있다. 또 탄도탄 핵미사일 20기 및 대함 미사일, 어뢰, 기뢰 등을 탑재한다.

세계에서 가장 빠른 잠수함은 미국의 공격형 핵잠수함 시울프급으로 수중 속도 38노트(시속 약 70km)다. 바닷 속을 웬만한 트럭 속도로 달리는 것이다. 그러나 평상시는 20노트(37km) 정도로 다닌다. 잠항심도는

610m이다.

잠수함은 바닷속 깊이 들어갈수록 적의 공격에서 안전하고 회피가 유리하다. 러시아 공격형 핵잠수함 시에라급은 선체를 티타늄으로 만든 덕분에 잠항 심도가 무려 750m나 된다.

35조 원대 국방 예산과 무기

돈으로 본 첨단 무기

2014년도 한국군의 국방 분야 예산은 올해보다 4.2% 증액된 35조 8천 1억 원으로 편성됐다. 가히 천문학적 숫자다. 전력 운영비는 3.6% 늘어난 25조 1천 19억 원, 방위력 개선비는 북한의 핵미사일 위협에 대비한 '킬 체인'과 '한국형 미사일방어체계'(KAMD) 사업 등이 반영되면서 5.8% 증가한 10조 6천 982억 원으로 편성됐다.

이 가운데 방위력 개선비의 상당 부분은 첨단 무기 도입에 쓰인다. 최신예 전투기와 같은 첨단 무기는 도입 가격 자체가 1대당 1천억 원이 훌쩍 넘는 고가이기도 하지만 30년가량을 운용한다고 가정하면 후속 군수 지원 등을 포함한 유지 비용이 전체적으로 도입가의 2, 3배에 달한다. 그만큼 무기 도입에 신중을 기해야 하는 이유다.

남북간 긴장이 고조되면 각종 무기가 위용을 과시하게 된다. 가령 연평도 일대에서 긴장이 고조되면 육·해·공군의 입체 전력이 총동원된다. '수박 겉핥기 식'이라도 동원 전력을 돈으로 환산해 보면 천문학적 숫자다.

먼저 해상 사격 훈련의 주체인 해병 연평부대의 K-9 자주포는 대당 40

억 원. 2개 포대, 총 12대가 동원되면 40억 원에 12를 곱해야 한다. 만약 북의 도발에 대응해 다연장 로켓포(MLRS)라도 추가 배치하면 대당 50억 원이 넘는 무기가 동원돼야 한다.

북한군 미그 전투기를 겨냥한 단거리 방공 무기 체계인 천마의 가격은 MLRS를 뛰어 넘는다. 무한궤도 장갑 차량 위에 두 종류의 레이더와 양 옆으로 4발의 소형 미사일을 장착한 천마는 1문당 150억 원, 미사일은 1발에 2억 8천여만 원에 달한다.

수십억 단위이긴 해도 지상 무기는 공중 무기에 비하면 '새 발의 피'다. 북한군의 포격 원점에 대한 공중 포격과 북한 미그기와의 공중전을 위해 배치한 F-15K와 KF-16 한 대의 가격은 각각 1,200억 원과 426억 원 정도이다.

이들 전투기가 장착하고 있는 공대공, 공대지 미사일 가격도 만만치 않다. 먼저 공대지 유도탄을 살펴보자. 가장 비싼 유도탄은 장거리 공대지 미사일인 AGM-84H(SLAM-ER)이다. 환율과 원가 변동에 따라 실제 가격과 차이가 있을 수 있지만 공군본부가 발행한 항공 무기 자료집에 따르면 1발의 가격이 170만 달러를 넘는다. 1달러 당 1,200원 정도로 환산하면 우리 돈으로 약 20억 원이다. 최대 사거리가 278km나 되긴 하지만 참으로 비싼 미사일이다.

가격이 워낙 비싼 만큼 적어도 북한의 주석궁이나 연평 도발을 일으켰던 북한 4군단의 해주 사령부의 핵심 세력 정도를 타격하는 데 쓰인다.

대형 표적을 노리는 AGM-65(Maverick)은 15만 달러(1억 8,000만 원) 정도이고, 이동 표적을 잡는 중거리 공대함·공대지 순항 미사일인 AGM-

출격 명령을 받은 F-15K 전투기가 AGM-84H(SLAM-ER, 슬램이알) 공대지 정밀 유도탄을 장착하고 힘차게 이륙하고 있다.

84G/L(Harpoon BLK I/II)의 가격은 약 125만 달러(15억 원)이다. 강남 중형 아파트 한 채 값이다.

장거리 공대지 정밀 유도무기인 AGM-158(JASSM)은 유효사거리가 370Km로 항공기에서 발사 후 GPS/INS 유도 방식으로 지하 견고화 시설 등의 목표물을 공격할 수 있다. 그런 만큼 가격 역시 70만 달러(8억 4천만 원)에 달한다.

유도 폭탄은 수천만 원가량이지만 상대적으로 저렴하다. 유효사거리가 15km인 GBU-12는 2만 6천 달러(3,100만 원) 정도이다. 사거리가 20km인 GBU-24는 6만 3천 달러(7,600만 원)이고, 악천후나 은폐 표적에 대한 정밀 공격도 가능한 GBU-31(JDAM)은 약 3만 달러(3,600만 원)이다.

이와 비교해 항공기 투하용 일반 폭탄은 MK-82는 1발당 2,500달러(300만 원) 정도로 상대적으로 저렴하다. 그래도 지상에 떨어지면 직경 8m, 깊이 2.4m의 폭파구를 형성한다. MK-84는 MK-82보다 비싼 5천 달러(600만 원)이다.

공대공 유도탄으로 가보면 사거리 63km로 중거리 미사일인 AIM-120(AMRAAM)이 56만 달러(6억 7천만 원)이고, 사거리 22km인 AIM-9X(Sidewinder)가 37만 달러(4억 4천만 원)이다. AIM-7M(Sparrow)는 유효 사거리가 68km인 초음속 공대공 유도미사일로 16만 달러(1억 9천만 원) 정도이다.

해군에서는 유사시 북한의 도발시 순항 미사일 등으로 적 기지를 타격하기 위해 한 척당 1조 원에 달하는 해군의 이지스 구축함 세종대왕함도 서해에 전진 배치된다.

게다가 주한미군의 정보 자산까지 동원될 수 있다. 북한의 동향을 정밀 관측하기 위해 투입된 KH-12(키 홀) 감시 위성의 가격은 13억 2,000만 달러 정도다. KH-12는 지상 10cm 물체도 파악할 수 있는 해상도를 갖고 있다.

이 정도이니 남북이 서해 5도에서 충돌하면 국군이 북한군을 압도할 것이라는 게 군사 전문가들의 공통된 분석이다.

'질' 보다 '양' 을 내세우는 북한군 무기

서해상 북한군 전력은 '질' 보다 '양' 이다. 북한군의 76.2mm 해안포와 122mm 방사포는 수십 년 넘은 구식 무기를 계속 업그레이드 해온 것이다. 122mm 방사포는 옛 소련의 다연장 로켓포인 'BM-21' 을 개량한 것으로 공산오차가 크다. 가격 역시 남측 MLRS나 K-9 자주포와 비교하기 힘들 정도로 저렴한 것으로 추산된다.

그럼에도 불구하고 북한군 무기를 무시할 수 없는 게 수량이 워낙 많기 때문이다. 또 장비 구조 자체가 단순해 수명 주기가 길다. 군 정보 당국이 북한군의 훈련 양태를 분석한 결과를 보면 1950~1960년대 사용하던 T계열 전차가 지금도 멀쩡히 달리고 성능을 발휘하고 있다. 이는 마치 포니 승용차가 서울 시내를 멀쩡히 활보하고 다니는 것과 비슷하다.

북한 공군이 보유하고 있는 최신예 기종인 MIG-29는 3천만~4천만 달러(360~480억 원), MIG-23은 360만~660만 달러(43~80억 원) 정도로 추산된다.

북한이 과거 미그기를 구입할 때는 소위 사회주의 국가끼리는 상당한 액수를 깎아주는 '사회주의 우대 가격'으로 거래하는 관행이 있었다. 또 러시아의 미그기는 사회주의 국가의 유물론에 입각해 제작, 조종사를 항공기 부품의 하나쯤으로 여긴다. 그런 만큼 대부분의 항공기는 조종사의 안전이나 안락함과는 거리가 멀다. 전투기도 임무에 맞게 최대한 단순화시켜 제작함에 따라 상대적으로 가격이 저렴하고, 유지 관리가 수월해 서방 전투기보다 수명 주기가 길다.

군사 전문가들은 북한의 MIG-29나 MIG-23 모두 우리 공군의 F-15K의 맞상대로는 역부족으로 평가하고 있다. 현대 공중전은 '근접 공중전'(도그 파이팅)보다는 주로 'BVR'(beyond visual range) 형태로 진행된다는 점에서 F-15K의 암람(AIM-120) 미사일이 북한 미그기가 장착한 AA-7 아펙스 미사일이나 AA-10 알라모 미사일보다 먼저 발사돼 목표물을 맞힐 것으로 보고 있다. BVR은 조종사 시야에 들어가기 전에 적기를 먼저 발견하고 쏘는 교전 형태로, 레이더를 통해 적기를 먼저 확인하고 먼저 미사일을 발사하는 쪽이 절대적으로 유리하다.

F-15K를 비롯한 공군 전투기를 겨냥하고 있는 북의 지대공 미사일 SA-2/3은 비록 낡은 구식 무기지만, 높은 상승 고도를 자랑하고 있어 무시하기는 어렵다. 장거리 고고도 미사일인 SA-5도 마찬가지다. 북한의 대공망은 거의 거미줄처럼 퍼져 있다. 미군은 코소보전처럼 북한보다 훨씬 방공망 밀도가 낮은 전장에서도 SA-2/3의 공격을 피하는 데 애를 먹었다.

외화 부족에 허덕이는 북한 입장에서는 첨단 신형 무기를 더 많이 도입하기에는 역부족이다. 그런 만큼 핵이나 생물학, 화학 무기와 같은 대량 살상 무기를 포함한 비대칭 무기에 집착한다. 또 전면전으로 가면 김정은 정권이 붕괴될 것임을 뻔히 알면서도 서울과 수도권의 희생을 키울 수 있는 장사정포의 수량 확대에 매달리고 있다. 서울과 수도권 시민을 전쟁의 '인질'로 삼기 위해서다.

국군의 날에 등장한 한국군 무기

'건군 65주년 국군의 날 기념식'에선 현무II, 현무III, 스파이크 미사일 등 우리 군의 최신 무기가 대거 공개됐다.

기념식이 끝난 직후 진행된 기계화 부대의 분열에서 K1A1 전차를 시작으로 교량전차인 AVLB, 지휘장갑차인 K-277, 전투장갑차 K-200, 구난장갑차 K-288, 차륜장갑차 바라쿠다, 보병전투장갑차 K-21이 육중한 소리를 내며 서울공항 활주로를 지나갔다. 신궁, 자주발칸, 천마 등 대공무기와 K-55A1, K-9, K-10 등 포병 화기도 선보였다. 육·해·공군이 보유한 미사일도 총동원됐다. 육군 미사일로는 사거리 45km의 MLRS, 사거리 300km 전술 지대지 미사일인 에이태킴스(ATACMS), 지대지 순항 미사일인 현무 I, 현무II, 현무III가 차례로 등장했다. 현무는 적 후방에 위치한 전략 목표를 타격할 수 있는 미사일로, 사거리 300km 이상인 현무II와 사거리 1천km인 현무III(B형)는 건군 65주년 국군의 날에 처음 공개됐다.

바퀴가 8개 달린 이동식 발사 차량에 탑재된 현무III는 최신 GPS 장비를 갖추고 있어 목표물을 정밀 타격 할 수 있다. 현무III의 사거리는 A형이 500km, B형이 1000km, C형이 1,500km다.

해군 미사일로는 잠수함에서 수상함을 타격하는 백상어, 수상함에서 잠수함을 잡는 청상어, 잠수함에서 잠수함을 공격하는 슈트, 함대지 미사일인 해성, 함정에서 대공 표적을 타격하는 SM-2 등이 공개됐다.

서북 도서에서 적 해안포를 정밀 타격하는 사거리 20여km의 스파이크 미사일도 처음 공개됐다.

사거리 278km의 장거리 공대지 미사일인 슬램-ER과 중거리 공대지 팝-아이, 정밀 폭격이 가능한 JDAM, 적 미사일을 요격하는 패트리엇(PAC)-2 등의 공군 미사일도 등장했다.

국내 기술로 개발한 무인 정찰기인 송골매와 감시 정찰, 지뢰 탐지 등의 임무를 수행하는 견마 로봇도 최신 장비의 행렬에 동참했다.

첨단 무기의 아킬레스건

첨단 무기의 집합체로 9만 톤이 넘는 '바다의 거인' 항공모함도 약점은 있다.

2006년 10월 26일 오키나와 인근 해상의 미 해군 항모 키티호크는 발칵 뒤집혔다. 10여 척의 호위함에 둘러싸인 항모의 9km 전방에 중국의 신형 디젤 추진 방식의 쑹(宋)급 잠수함이 떠올랐기 때문이다. 한마디로 이 디젤 잠수함이 항모 전단의 촘촘한 잠수함 경계망을 뚫은 것이다.

이보다 앞서 2004년 림팩 훈련에서는 미 해군의 핵추진 항공모함 '존 C. 스테니스'(CVN-74)을 비롯해 이지스 순양함과 구축함 2척이 어뢰를 맞았다. 어뢰를 발사한 주인공은 한국 해군의 209급 잠수함 장보고함이었다. 당시 장보고함은 훈련이 끝날 때까지 단 한 차례도 탐지되지 않아 미 해군을 경악케 했다.

당초 미국의 항모 전단은 수중의 위협 세력으로 주로 소련의 대형 원자력 잠수함을 상정했다. 그러나 시간이 흐를수록 핵잠수함에 비해 소음이 적은 디젤 잠수함이 더 쉽게 항모에 접근할 수 있고 어뢰를 맞출 수 있는 확률이 높다는 것이 증명됐다.

사실 항공모함을 더 강력하게 하는 것은 항상 팀을 이뤄 작전하는 순양함과 구축함, 잠수함들이다. 항공모함은 항상 순양함 1척과 팀을 이루는 것이 기본이다. 조지 워싱턴함과 통상적으로 팀을 이루는 순양함은 만재 배수량 9600톤급 타이콘데로가급 이지스 순양함 CG63 카우펜스함이다.

항모는 대개 이지스 순양함, 구축함 등 수상함의 지원과 함께 수중의 공격 원자력 잠수함까지 패키지 개념으로 작전을 펼친다. 항모 혼자서는 자체 함재기들을 고려한다 해도 대공 방어 능력이나 대잠 능력에 취약점이 있기 때문이다.

항모를 호위하는 이지스함의 전투 체계는 동시에 1천여 개의 표적 탐지, 추적이 가능하고 그중 20개의 표적을 동시에 공격할 수 있다.

그러나 항공모함과 호위함들의 이지스 전투 체계가 완벽한 것만은 아니다. 중국에서는 미 항모 전단의 방공 체계를 무력화하기 위한 수단으로 90대 이상의 저가의 무인기를 한꺼번에 띄우거나 값싼 크루즈 미사일을 무더기로 쏟아 부어 이지스 전투 체계의 방공 능력을 초과시키는 방안도 연구하고 있는 것으로 알려졌다.

이렇게 되면 호위 함정들의 대항력이 떨어지면서 항모의 대공 능력도 약화될 수밖에 없다. 또 미 항모의 대함 유도탄 방어가 음속을 넘지 못하는 아음속 유도탄 공격에 맞춰진 체제라는 것도 부담이다. 최근에는 중국과 러시아가 초음속 유도탄을 배치하고 있어 항모 방어 체계의 완벽성이 떨어지고 있기 때문이다.

대함 탄도미사일은 순항미사일보다 속도가 훨씬 빨라 위협적이다. 미국이 수년 전부터 중국의 커다란 군사 위협 중 하나로 여기고 있는 것이 사거리 1천 5백 킬로미터 이상의 '항모 킬러' 둥펑(東風·DF)-21D 대함 탄도미사일이다.

중화권 온라인 매체 중국평론통신사가 둥펑 중거리 탄도미사일을 화난 지역에 배치한 것으로 보인다고 2013년 10월에 보도했다. 중국군 전략 미사일 부대인 제2포병대가 최근 화난 지역 두 곳에 신형 중거리 탄도

미사일 부대를 신설했으며, 이 부대들에는 신형 DF-21C 또는 신형 DF-21D가 배치됐다는 것이다. 화난 지역은 중국 동남부 광둥성, 광시좡족 자치구, 하이난성 지역을 말한다.

DF-21D은 사거리 1,500km 이상으로 최대 3,000km까지 정밀 타격이 가능한 것으로 알려졌다. 그렇다면 미 항공모함이 정박 중인 일본 요코스카 미군 기지도 사정거리 안이다. 이는 미 항모가 중국 작전 해역권으로 진입할 경우 중국의 공격권 안으로 들어가게 되는 것을 의미한다.

마찬가지로 북한이 대함 탄도미사일 개발에 성공하면 유사시 대규모 상륙작전을 지원해야 하는 미 항모 전단에도 큰 위협이 될 수밖에 없다.

미국의 자랑인 스텔스 기술의 발전 역시 항모의 큰 적이다. 미국은 완벽한 스텔스 전투기인 F-22 랩터와 이에 버금가는 F-35 전투기를 갖고 있다.

그러나 중국도 스텔스 전투기 개발에 나섰고, 러시아는 개발이 임박한 것으로 전해지고 있다. 이는 항모에서 발진하는 전투기가 F/A-18E/F 슈퍼 호넷이라 하더라도 그 능력이 상대적으로 약화되고 있음을 의미한다. 만약 중국과 러시아가 스텔스 기능이 완벽한 5세대 전투기로 맞대응에 나설 경우 공대공 전력에서 밀릴 가능성이 있기 때문이다.

게다가 미 해군이 함재기로 사용할 예정인 F-35C 라이트닝이 F-22와 같은 완전한 스텔스 전투기는 아니라는 점도 부담이다.

미 해군도 이 같은 항모의 '아킬레스건'을 잘 알고 있다. 일각에서는 이 같은 미 항모의 약점 부각은 미 국방부가 의회의 해군 예산 축소 움직임에 대한 반박 논리로 실체보다 과장하는 게 아니냐는 의혹의 시선을 보내기도 한다.

분명한 것은 미 항공모함이 여전히 막강한 위력을 과시하지만 5~10년이 지나면 냉전 당시처럼 '천하무적'은 아니라는 점이다.

만약 중국과 미국이 군사적 경쟁 관계에 본격적으로 돌입하면 중국 대함 탄도탄의 주요 목표는 미 항모가 될 것이다. 이는 미 항모의 먼바다 출현 횟수 감소로 이어질 가능성이 있다.

미 해군도 대응책 마련에 나서고 있다. 초음속 유도탄에 대한 방어 능력을 높이는 한편 대잠, 대함 능력을 강화한 슈퍼 항모도 계획하고 있는 것으로 전해졌다. 또 F-35C 전투기의 항모 탑재를 재촉하고 있다. 특히 대잠 방어를 위해서는 언제든지 설치와 수거가 가능한 기동형 수중 음파 탐지 시설의 개발도 서두르고 있다.

이처럼 항공모함과 같은 천문학적 가격의 첨단 무기라도 자세히 뜯어보면 허점은 있기 마련이다. 일각에서는 스텔스 전투기를 두고서 조만간 스텔스 기술을 무력화시키는 레이더가 개발될 것이라는 전망도 내놓고 있다.

일본은 왜 문제 많은 F-35를 선택했나

얼마 전 미국 차세대 주력 전투기인 F-35가 제작 과정의 품질관리에 많은 문제가 있어 위험성을 안고 있다는 미국 국방부의 평가가 나왔다. 미 국방부 감찰관은 보고서를 통해 이 기종의 설계와 제조 분야에서 363가지 문제점을 거론했다.

감찰관 보고서는 이 기종의 생산을 주도하는 록히드마틴과 협력사 5곳의 부실한 품질 경영을 비판하고, 그런 경영관리가 F-35의 신뢰성·성능·비용 문제를 초래할 수 있다고 지적했다. 또 소프트웨어 관리를 포함한 많은 단점이 앞으로 안전 문제를 일으킬 수 있다고 경고했다.

미국이 8개 국가와 컨소시엄을 꾸려 추진하는 F-35 사업은 3,957억 달러(약 425조 원)가 투입되는 미국 사상 최대 프로젝트로, 일찌감치 F-35 전투기는 비싼 가격이 단점으로 꼽혀왔다.

미군은 그동안 컴퓨터 작업으로 F-35가 혹시 가질 수 있는 기술적 장애를 해결할 수 있다고 보고 '동시 운전 훈련'(concurrency)을 적용하겠다는 구상을 가져왔다. 성능 확인 등을 위한 완벽한 시험비행이 끝나기 이전에라도 생산을 개시하겠다는 취지였다. 그러나 보고서는 동시 운전 훈련에 경고음을 낸 것이다.

이뿐만 아니라 F-35는 계속되는 개발 비용 상승과 인도 지연 등으로 도입을 추진하려는 국가들도 도입 대수를 줄이려는 움직임을 보이고 있는 상황이다. 외신들 역시 F-35의 문제점에 대해서는 숱하게 보도해 왔다. 그럼에도 불구하고 일본은 일찌감치 차세대 전투기로 스텔스 성능을 지닌 F-35기 42대를 향후 20년 동안 도입해 현재의 주력 전투기인 F4기를 대체하기로 결정한 바 있다. 이 사업에는 예산만 1조 6천억 엔(약 23조 8천억 원)이 투입된다. 일본은 처음 4대를 도입한 이후부터는 나머지 대수에 대해서는 일본 국내에서 최종 조립하는 것을 추진하고 있다.

물론 일본에서도 F-35는 1대당 99억 엔(약 1,475억 원, 부품 교체 가격 포함)에 이를 정도로 고가이고 시험비행 중 동체 균열 등 결함이 발견되는 등 완전히 개발이 끝나지 않은 상태라는 사실이 문제점으로 지적된 적이 있다.

그럼에도 불구하고 일본은 단 한 번의 시승 테스트도 하지 않은 채 서류로 검토한 후 F-35를 선택했다. 그 이유에 대해서는 미국이 무기 수출 3원칙의 사실상 삭제를 그 대가로 일본 정부에 허용했기 때문이라는 해석이 유력하다. 미일간에 일종의 빅딜이 이뤄졌다는 것이다. 이밖에 일본이 F-35에 어느 정도 문제가 있더라도 자체 정밀 기술 바탕으로 이를 극복할 수 있다는 자신감을 보이고 있다는 말도 들린다.

일본이 수년 전 40여 년 만에 무기 수출 금지를 해제했다. 안전보장회의를 열어 무기 수출을 원칙적으로 금지한 '무기 수출 3원칙'을 대폭 완화해 일본 정부 스스로 무기 수출 금지의 족쇄를 푼 것이다.

일본은 1967년 이후 무기 수출을 원칙적으로 금지해왔다. 그런데 이 원칙의 '예외 조치'로 미국 등 우호 국가와의 무기 공동 개발에 참여할 수 있도록 했다. 무기의 수출과 첨단 무기의 해외 공동 개발이 가능해졌던 것이다.

당시 일본 정부는 차세대 전투기로 미 록히드마틴 사의 F-35를 선정하면서 부품 40퍼센트를 미쓰비시 중공업 등 일본 기업이 생산하기로 한 데 따라 '부품 수출을 가능하도록 하기 위해서는 무기 수출 3원칙의 대폭 완화가 불가피했다'는 논리를 폈다. 즉, 미국 등과 차세대 전투기, 미사일 등 첨단 무기의 공동 개발과 생산에 나서기 위해서는 일본이 무기 수출 3원칙 규정을 완화할 수밖에 없다는 것이었다.

그러나 군사 전문가들은 일본의 무기 수출 3원칙의 대폭 완화는 미국의 용인 없이는 불가능하다고 보고 있다. 여기에는 미국과 일본의 이해관계가 맞아 떨어져 '빅딜'을 했다는 설이 유력했다. 경제 위기로 돈이 없는 미국은 일본의 무장을 통해 중국을 견제하면서 동북아 세력의 균형을 꾀하려 했고, 일본은 이 기회에 무기 수출 3원칙이라는 스스로 채웠던 '발목의 족쇄'를 풀려고 했다는 것이다.

결과적으로 일본은 F-35를 차기 전투기 기종으로 선택하면서 자유롭게 무기를 개발하고 숙원이었던 수출까지 할 수 있는 길을 연 셈이었다. 이는 일본 군대에서 '자위대'라는 이름을 뺄 날도 얼마 남지 않았다는 전망으로까지 이어지고 있다. 그러나 일본은 공식적으로는 중국과 러시아가 각각 개발 중인 스텔스 전투기 '젠(殲)-20'과 'T-50'을 2015~2016년 실전 배치할 예정이기 때문에 이를 견제하기 위해 F-35를 선택했다고 설명하고 있다.

어찌 됐든 일본은 F-35를 선택함으로써 미쓰비시 중공업, IHI, 미쓰비시 전기 등 3사가 F-35의 날개, 엔진 등 부품을 생산할 수 있게 됐다. 또 스텔스 기술도 상당 부분 공유할 예정이다. 이에 따라 일본은 2016년 완성을 목표로 자체 추진 중인 스텔스 전투기 '신신(心神) AD-X' 개발도 수월해질 전망이다.

만약 우리 정부가 F-35를 선택하려면 일본의 경우를 충분히 참고해야 한다. 안 그래도 F-35에 대한 비관적 전망이 나오고 있는 상황에서 일본의 계약 조건처럼 스텔스 기술을 미국 측으로부터 획득하거나 공동 개발 등의 유리한 조건을 넣지 않으면 일반 국민들의 정서상 받아들이기 힘들기 때문이다.

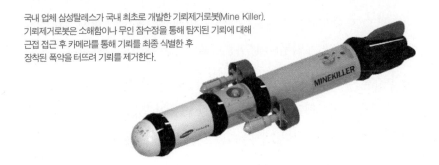

국내 업체 삼성탈레스가 국내 최초로 개발한 기뢰제거로봇(Mine Killer).
기뢰제거로봇은 소해함이나 무인 잠수정을 통해 탐지된 기뢰에 대해
근접 접근 후 카메라를 통해 기뢰를 최종 식별한 후
장착된 폭약을 터뜨려 기뢰를 제거한다.

한국의 무기 개발

우리나라의 무기 개발은 1970~1980년대의 탄약류, 곡사포, 군용차량과 같은 기본 병기에서 지대지 유도탄, 다연장 로켓포, 장갑차 같은 정밀무기를 거쳐 이제는 무인 항공기, 기본훈련기, 전자전 장비, 군 위성통신과 같은 첨단 무기로 이어지고 있다.

하지만 전 세계 최대 무기 수출국인 미국은 전투용 애플리케이션까지 개발하고 있다. 아프간 전에서 미군 지휘관은 태블릿 PC의 앱으로 미군과 반군의 위치를 정확하게 파악하고 부하들의 이동을 지휘했다. 미국은 스마트폰, 태블릿 PC 등 모바일 기기와 앱을 전쟁에서 본격적으로 활용하고 있다. 전투용 앱의 연구 개발에도 박차를 가하고 있다.

한국도 재래식 무기 일변도의 수출에서 벗어나 정보 통신 기술과 국방 기술을 융합하는 무기 체계 개발을 지향할 필요가 있다. 특히 소프트웨어 개발에 보다 많은 투자를 해야 한다. 소프트웨어는 한번 개발하면 별도의 큰 비용을 들이지 않더라도 대량생산이 가능하고, 수출로 이어질 경우 막대한 부가가치를 창출할 수 있다. 1960~1970년대 생산된 전투

기는 임무 수행에 필요한 소프트웨어가 10퍼센트를 넘지 않았지만 최신예 전투기인 F-22는 임무의 80퍼센트를 소프트웨어로 수행한다는 사실이 이를 잘 증명해주고 있다.

무기 체계 소프트웨어 개발에는 막대한 비용이 투입돼야 한다. 대신 독자 개발에 성공하면 해외로 지출되는 많은 비용을 절감할 수 있는 것은 물론 무기 수출 경쟁력을 크게 높인다. 최신 소프트웨어를 결합한 중고 무기 수출도 가능할 것이다.

하지만 천문학적인 소프트웨어 개발이나 고가의 첨단 무기 체계 개발 비용은 방위산업체들로 하여금 쉽사리 개발 사업에 뛰어들지 못하게 하는 걸림돌이다. 막대한 비용과 장기간의 사업 기간이 소요되는 것 자체가 무기 개발의 속성이긴 하지만 성공 여부가 불투명한 상황에선 민간 기업에게는 무리한 부담일 수밖에 없다.

이럴 때 대안으로 고려할 수 있는 것이 국가간 공동 연구 개발처럼 다른 나라 방위산업체와 '함께 가는 것'이다. 이 경우 서로의 핵심 기술 분야 특화로 중복 투자를 회피할 수 있고 공동 마케팅을 할 수 있는 장점도 생긴다.

이것이 어렵다면 국내 방위산업체들 간 협력도 하나의 방법이다. 작은 국내 시장을 놓고 방위산업체들끼리 티격태격 다투기 보다는 해외시장을 겨냥한 상생 협력이 생산적인 선택일 것이다. 상생을 역학으로 보자면 오행이 서로 생하는 관계이다. 가령 수생목(水生木)은 물이 나무를 길러주고, 목생화(木生火)는 나무가 불을 지펴준다는 식이다. 마찬가지로 한 업체가 상대 업체(나무)에게 물[水]이 되어주는 것은 세계 무기 시장에서 국산 무기의 점유율과 수익률을 동시에 높여주는 경쟁력으로 작용할 수 있다.

한국군의 저격용 소총

베트남전에서 적군 1명을 사살하는 데 소비된 실탄은 무려 2만 5천 발에 달했지만 저격수는 같은 전과를 얻는 데 평균 1.3발을 사용했다. 단순 비교만으로도 이토록 효과적인 위력을 발휘하는 저격수지만 이들이 미군에서 제대로 된 대우를 받기 시작한 것은 그리 오래되지 않았다.

베트남전 등에서 혁혁한 전과를 세웠지만 미군 저격수가 처음 명예 훈장을 받은 것은 1993년이었다. 미국은 소말리아에서 추락한 미군 헬기 조종사를 구하기 위해 자원했다가 목숨을 잃은 두 명의 저격수에게 명예 훈장을 추서한 것이다. 이들의 활약상은 할리우드 영화 〈블랙호크 다운〉에서도 잘 나온다.

본격적인 저격수의 역사는 1775년 미국의 독립전쟁과 함께 열렸다는 것이 정설이다. 그러나 초기의 저격수는 암살자로 경멸받았다. 베트남전 때 미 해병의 저격수 부대는 '살인 주식회사'로 통했다. 결코 좋은 의미는 아니었다. 베트남전에서의 전설적인 미군 저격수 카를로스가 전쟁이 끝난 지 30년 후에야 은성무공훈장을 받은 것도 저격수에 대한 미군의

국내 순수 독자 기술로 개발한 초정밀
K14 저격용 소총(K14 Sniper)

인식과 무관치 않다.

저격수는 희생도 컸다. 미 국방부 자료에 의하면 제2차 세계대전 당시 오키나와에 투입된 미 제15야전군의 정찰 저격수는 80퍼센트의 사망률을 보였다. 베트남전에서도 저격수는 적군에게 붙잡히면 즉결 처형을 당했다. 저격수에게는 현상금까지 붙었다.

저격수는 최첨단 조준경과 야간 투시경까지 갖추고 1킬로미터 밖에 떨어져 있는 표적까지 백발백중 명중시킨다. 저격수의 표적도 사람에 한정되지 않고 있다. 무기의 발달로 적군의 차량까지 저격수의 한 방으로 폭발하는 시대다.

저격용 소총은 100야드 거리에서 1인치 내에 탄착군을 형성해야 하는 까다로운 조건(MOA, Minute of Arc)을 통과해야 하는 초정밀 기술을 요구한다.

한국군은 그동안 저격수가 사용하는 저격용 소총을 전량 수입에 의존해 왔다. 그러다가 최근 방위산업체 S&T모티브가 순수 독자 기술로 'K14 저격용 소총'(K14 Sniper)을 개발했다. K14 저격용 소총은 특히 800미터 유효사거리 평가에서 우수한 성능을 인정받았다. 군은 우선 K14 저격용 소총을 대테러 대응 등 특수전 무기로 보급한 뒤 2014년 이후 보급을 확대, 일반 보병 부대에서도 저격용으로 운영할 계획이다.

한국 방위산업의 수준

수요는 많지만 뚫고 나가기가 녹록치 않은 곳이 세계 무기 시장이다.

그것은 우리 방위산업의 현실을 보면 금방 드러난다. 세계 군수산업 시장은 1조 6천억 달러 규모이다. 이 가운데 수출 시장은 600억 달러 정도인 것으로 알려져 있다. 정부는 방위산업의 신 경제성장 동력화를 내세우고 있지만 전 세계 시장의 전체 규모에서 보면 미미한 수준이다.

방산 수출이 우리나라 전체 수출에서 차지하는 비중도 0.1퍼센트를 갓 넘긴 수준이다. 이는 우리 방위산업체가 수출보다는 내수에 치중해온 탓이 크다.

한국 방위산업체들도 눈을 세계 시장으로 돌리고 있다. 정부도 방산물자 교역지원센터를 세워 그동안 수출품 목록에서 찾아볼 수 없었던 전투기와 군용 헬기와 같은 부가가치가 높은 군수품의 수출 지원에 나서고 있다. 방산 수출을 위해서는 민간과 군, 정부의 경계선을 허물어야 수월한 지름길을 찾을 수 있기 때문이다.

과거 역사나 현재의 상황을 살펴볼 때 방산 수출은 방위산업체와 정부, 군이라는 삼두마차가 시너지 효과를 낼 때 성공적인 결과를 낳을 수 있다. 이스라엘의 대표적인 방위산업체인 IAI사를 방문한 적이 있다. 그곳에서 이스라엘 공군 중령 출신인 예비역 조종사는 정부가 실시하는 예비군 훈련 참가를 명목으로 IAI사의 자회사인 엘타 사 제작 항공기의 시험 비행에 참여하고 있었다. '라이트 하우스'로 상징되는 미 록히드마틴 사의 이노베이션 센터를 찾았을 때도 그 분위기가 이스라엘 IAI사와 크게 다르지 않았다.

이스라엘에서는 국방부 대외 군사 지원 및 수출국(SIBAT)까지 지원에 나서 엘타 사가 무인 항공기, 조기 경보 시스템 부문에서 세계시장 점유율 1, 2위를 차지할 수 있었다.

이제는 민·관·군이 함께 머리를 맞대는 것을 군과 방위산업체의 유착이라는 색안경을 끼고 봐서는 곤란한 시대이다. 이제는 민간 부문에서 기술이전과 투자는 물론 방산과 관련 없는 원전 플랜트 지원도 군에 요구하고 있는 상황이다.

정부 차원에서도 세계 방산 시장의 흐름과 동향을 파악할 수 있는 정보를 방위산업체에 바로바로 제공할 필요가 있다. 방산 수출은 마케팅의 상대가 수출 대상 국가의 군이나 정부로 제한되기 때문이다. 그런 면에서 방위산업체는 국방부가 세계 각국에 파견한 무관을 능동적으로 활용해야 한다. 해외 무관들은 수출 상대국의 의사 결정자가 누군지, 해당 국가가 무엇을 가장 원하는지를 포함한 입찰 정보 등을 누구보다 잘 알고 있다. 무기 수출 경쟁국인 러시아나 중국, 인도 등 경쟁국에 대한 현지 정보도 가장 많이 갖고 있다.

정부와 방위산업체는 국제 무기 시장의 정보를 공유하는 시스템을 만들어 다양한 정보 채널을 하나로 집약시키는 것은 물론 각국의 무기 수출 관련 제도 및 현지 국가의 인력 데이터베이스도 구축할 필요가 있다.

방산 물자 개발 시점에서부터 해외시장 진출을 목표로 전략을 수립할 필요가 있다. 기본형 설계 후 약간의 변화를 통해 CTOL STOVL 함재형 등 기체의 공통성과 다양성을 추구해 가격을 낮춰 최대 주문량을 달성한 F-35의 경우가 좋은 예가 될 수 있다.

세계시장 진출에는 가격 경쟁력 확보가 절실하다. 정부가 고등 훈련기인 T-50 해외 수출에 총력을 기울이고 있지만 애를 먹는 것도 가격이 상대적으로 높은 편이기 때문이다. 굳이 수출 대상국에서는 필요 없는 첨단 기술을 많이 넣는 것보다는 첨단 기술의 가짓수를 줄이고 가격을 낮추는 것이 현명하다. 그러기 위해서는 설계 및 연구 개발 단계에서부터 수출을 염두에 두고 비용을 낮춰야 한다. 개발 단계에서는 국내 환경만 고려해 에어컨을 장착하지 않았다가 동남아 수출을 위해 에어컨을 장착하려다 보니 단가가 높아진 흑표 전차가 반면교사다.

국내 방위산업체는 세계 유수의 방위산업체에 견주면 상대적으로 영세한 수준이다. 그런 면에서 컨소시엄 구성이나 자본 투자, 합작 투자 등을 포함한 방위산업체 간 국제적인 협력 관계 구축이 필요하다. 세계적 방위산업체들은 고가 첨단 무기의 개발 위험 부담 축소 및 국제 경쟁력 강화를 위해 국제적 인수 합병(M&A)도 시도하고 있다. 이에 대한 대비도 필요하다.

작전과 훈련, 그리고 말

아덴만 여명 작전

숀 코네리, 안소니 홉킨스, 진 해크먼, 로버트 레드포드 등과 같은 초호화 배역으로 제2차 세계대전 막바지를 소재로 했던 전쟁 액션 영화 〈머나먼 다리(A Bridge Too Far)〉는 1944년 9월 17일부터 25일까지 진행됐던 연합군의 '마켓 가든' 작전을 소재로 만들어졌다. '마켓 가든' 작전은 당시 승리에 도취돼 있던 연합군에게 뼈아픈 패배를 안겨준 작전이었다.

몽고메리 장군이 이끌었던 이 작전은 라인 강에 위치한 아른헴 다리 확보에 실패하고 영국 1공수사단이 괴멸하면서 연합군의 참패로 끝났다. 이로 인해 몽고메리의 "크리스마스 이전에 전쟁을 끝내고 본국으로 돌아간다"던 약속은 물거품이 됐다.

'마켓 가든'의 '마켓'은 낙하산 공정부대, '가든'은 지상군을 의미했다. 결국 '마켓'은 고립되고 '가든'은 독일군의 반격으로 무너졌다. 결과로만 보면 라인 강 다리를 건너지 못했다는 점에서 작전명은 영화 제목처럼 '머나먼 다리'가 더 어울렸다.

작전명 '오디세이 새벽'(Odyssey Dawn)은 미국과 프랑스, 영국 등 다국적군이 카다피를 권좌에서 내쫓는 계기가 된 대(對) 리비아 군사 공격의 작전명이었다. 다국적군은 '오디세이 새벽' 이란 이름 아래 110여 발의 토마호크 미사일을 발사하면서 리비아 군사 공격을 시작했다.

작전명 '오디세이 새벽' 은 지중해를 무대로 한 고대 장편 서사시《오디세이아》의 이름을 따서 명명됐다. 군사 작전의 장소도 오디세이의 무대인 지중해라는 점에서 '오디세이 새벽' 이라는 작전명은 의도가 있다는 게 군사 전문가들의 해석이다.

이렇듯 군의 작전명은 나름대로 의미가 있다. 통상 군사작전은 어둠이 가시면서 동틀 무렵인 새벽 시간을 택한다. 리비아 공격도 새벽에 이뤄졌다.

한국 특수부대의 '아덴만 여명 작전' 도 통 트기 직전 시간에 시작됐다. 아덴만 여명 작전 명칭은 '작명' 에 유난히 관심이 많았던 한민구 전 합참의장의 작품이다.

한 의장은 아이티에서 구호 활동을 펼치고 있는 파병 부대의 명칭을 최종 결정하기도 했다. 여러 후보군 중에서 한국군이 마치 가뭄의 단비처

아덴만 여명작전에 나선 해군 청해부대가 삼호 주얼리호 선원 구출 작전을 실시하고 있다.

파발마 작전에 투입된 자이툰 부대가 이라크 사막 지대를 가로지르고 있다.

럼 구호 활동을 펼친다는 뜻으로 '단비 부대'를 낙점했다.

미군의 대지진으로 고통 받고 있는 일본을 돕기 위해 실시했던 구조 활동의 작전명은 친구라는 뜻의 '도모다치'(Operation TOMODACHI)다. 일본 국민은 미국의 친구이자 이웃으로, 미국이 가능한 범위에서 이들에게 도움을 주겠다는 의미라고 주일미군 측은 설명했다.

이 같은 군사작전의 이름은 군 전문가들이 나름대로 머리를 싸매고 고민해 결정한다. 명칭은 작전의 성격을 잘 나타내야 하기 때문이다. 미국이 1990년 8월부터 1991년 2월까지 이라크에서 벌인 '사막의 폭풍'(Desert Storm) 작전 등이 대표적이다. 여기에서 사막은 중동이고 폭풍은 미국의 힘을 상징했다.

한국 자이툰 사단이 2004년 9월 쿠웨이트의 미군 버지니아 캠프에서 이라크 북부 아르빌까지 18일 동안 1,115킬로미터의 육로 구간을 이동

했던 작전의 명칭인 '파발마'(擺撥馬)는 '공무로 급히 가는 사람이 타는 말'이란 뜻에서 유래했다.

그러나 작전과 관련한 정보 유출을 피하기 위해 작전의 성격을 상징하는 용어 대신 작전 내용과 전혀 관계없는 단어를 사용하기도 한다. 1944년 6월 연합군이 '노르망디 상륙작전' 때 사용한 작전명 '절대군주 작전'(Operation overlord)이 그 예다.

작전명을 지을 때는 혐오감을 주거나 정치적으로 민감한 용어는 빼야 한다는 불문율이 있다.

2001년 10월 미국이 아프가니스탄을 공격할 때 사용한 작전명은 원래 '무한 정의 작전'(Operation Infinite Justice)이었다. 그러나 '무한 정의'는 알라신만이 유일하게 행사할 수 있다고 믿는 이슬람권의 정서를 건드리는 용어라는 이의가 제기돼 '항구적 자유 작전'(Operation Enduring Freedom)으로 바뀌었다.

'키 리졸브'는 무슨 뜻

훈련도 넓은 의미에서 작전의 일환이라는 점에서 명칭에서 그 의미가 잘 드러나야 한다. 훈련의 명칭을 보면 그 훈련의 성격을 대개 읽을 수 있다.

태국에서 열리는 '코브라 골드' 훈련은 유엔의 위임을 받은 다국적군이 합동으로 무력 분쟁 발생 지역에 투입되는 연합 훈련이다. 아마도 코브라로 유명한 태국에서 벌어지는 훈련이어서 붙은 명칭인 듯싶다. 실제로 우리 해병대가 처음으로 참가했던 훈련에서는 태국군 장교가 정글에서 생존하는 훈련의 일환으로 코브라를 생식하는 시범을 보이기도 했다. 미군도 덩달아 코브라 생피를 마시기도 했다는 전언이다.

미국 라스베이거스 인근 넬리스 공군기지에서는 매년 미 414전투훈련비행대대가 주관하는 레드플래그(Red Flag, 붉은 깃발) 작전 훈련이 펼쳐진다. 한국 공군도 참가하는 이 훈련에서는 미국 입장에서 중국과 같은 잠재적 적군을 상정한 가상 적기 부대, 즉 '레드 포스'에 대항해 미군 및 연합군의 항공 전력인 '블루 포스'가 치열한 가상 공중전을 벌인다.

한반도에서 한미 연합군이 실시하는 '키 리졸브'(Key Resolve) 훈련을 우리말로 풀이하면 '단호한 결단'이라는 뜻이다. 이는 한반도 유사시 미군 증원 전력의 원활한 전개를 통해 북한의 무모한 도발에는 단호하게 응징하겠다는 상징성을 담고 있다.

그러나 키 리졸브 훈련과 연계해 실시하고 있는 '폴 이글'(Foal Eagle) 비정규전 훈련의 명칭은 훈련의 목적을 담은 게 아니다. '폴'은 '나귀의 새끼'라는 뜻의 단어로 미 제1공수특전단의 별칭이다. 또 '이글'은 독수리인데 이는 우리나라 제1공수특전여단의 별칭이다.

즉 '폴 이글'이라는 명칭은 최초 미국 1공수특전단과 한국 1공수특전여단이 한미 연합 특수전 훈련에 참가하면서 비롯된 것이다. 이후에 훈련 참가 부대의 명칭이나 규모 및 방법이 바뀌었어도 '폴 이글'은 처음 사용하였던 그 명칭을 그대로 사용하고 있는 경우이다. 그러나 영어 단어를 의역해 '새끼 독수리' 훈련, 즉 미 본토의 '어미 독수리'가 한반도에 보낸 '새끼 독수리'들이 펼치는 훈련이란 뜻으로 자칫 오해할 수도 있다.

키 리졸브 훈련에서 미군들이 시가전 훈련을 하고 있다.

공군의 F-15K 전투기가 미국 알래스카 아일슨 공군기지에 착륙하고 있다. 다국적 연합 훈련인 '레드 플래그 알래스카'에 참가하는 공군의 F-15K 전투기 여섯 대는 2013년 8월 2일 대구 기지를 이륙해 미 공군 공중급유기로부터 일곱 차례 공중급유를 받으며 아일슨 기지까지 7,220킬로미터를 논스톱으로 비행했다.

한미 연합군은 키 리졸브 훈련뿐만 아니라 매년 8월에는 을지 프리덤 가디언(Ulchi Freedom Guardian) 훈련도 실시한다. 프리덤 가디언을 한국말로 굳이 번역하면 '자유 수호자' 쯤 될 듯싶다.

키 리졸브와 프리덤 가디언은 전시작전권 전환을 계기로 명칭이 변경된 훈련들이다. 키 리졸브 훈련은 전시 '수용·대기·전개·통합'을 의미하는 RSOI가 한미간 전작권 전환 합의 이후 명칭이 바뀐 것이고, 프리덤 가디언의 그전 이름은 포커스 렌즈(FL)였다.

한국 해군의 작전 수역에서 실시됐던 대량살상 무기확산 방지구상(PSI) 훈련의 명칭은 미국, 일본, 호주, 프랑스, 캐나다 등 여러 국가가 함께 참여했다고 해서 '동방의 노력 10'(Eastern Endeavor 10)이었다.

한국군 단독 훈련 명칭으로는 합참이 주도하는 전구급 지휘소 연습(CPX)인 '태극 훈련'이 대표적이다. 이 밖에 '호국 훈련' '화랑 훈련'이 있고, 해병대도 해병대의 상징 중 하나인 천자봉의 이름을 넣은 '천자봉' 훈련을 하고 있다. 한국군 훈련 명칭은 그 유래를 익히 알기에 쉽게 받아들여진다.

작전 계획에 붙는 명칭에서도 해당 작전이 추구하는 성격이 읽혀진다. 계획만 세워지고 실행에 옮겨지진 못했지만 1983년 북한이 버마 아웅산 테러를 저지르자 군은 '벌초 작전'을 계획했다. 벌초하듯 북한의 주요 장소를 공격하려던 계획이었다. 당시 군은 육군 특전사와 해병대 수색대 등을 동원해 평양의 남산 TV 송신소 폭파 등을 계획하고 훈련까지 했다가 전두환 전 대통령의 지시로 막판에 작전을 취소됐다.

연어급의 유래

천안함을 기습 공격한 북한의 잠수정은 '연어급'이라고 민군 합동조사단이 발표한 적이 있다. 북의 '연어급'(YON-O Class) 잠수정은 이란 해군의 가디르급 잠수함과 같은 종류인 것으로 알려졌다.

이란 당국은 최신 전자 장비를 장착한 가디르급이 자체 설계로 탄생했다고 주장하지만 미 정보 당국은 북한이 제공한 설계도를 바탕으로 건조된 것으로 추정하고 있다. 이를테면 북한의 연어급이 이란으로 건너가 가디르로 재탄생한 것이다.

가디르는 아라비아 반도의 시아파 무슬림의 성지 중 한 곳의 이름이다. 가디르의 예처럼 각국은 잠수함의 이름에 나름대로 의미를 부여하고 있다.

대한민국 해군이 발행한 '해군의 함정 명칭'에 따르면 미국은 잠수함에 물고기나 대통령, 해군 제독, 도시와 주 이름을 붙인다. 일본은 하루시오(HARUSHIO)나 후시미(FUSHIMI)와 같은 조류 현상이나 도쿄의 구(區) 명칭을 사용한다. 러시아는 아쿨라(AKULA)나 무레나(MURENA)처럼 태풍 또는 수중 동물 이름이 주류를 이룬다.

한국 해군은 209급(장보고급) 잠수함에는 통일신라~조선시대 말까지 바다에서 큰 공을 남긴 인물의 이름을 붙였고, 214급(손원일급) 잠수함에는 독립운동 공헌 인물 및 광복 후 국가 발전에 기여한 인물의 이름을 부여하고 있다.

북한 잠수함의 명칭으로는 로미오급, 위스키급, 상어급, 연어급, 유고급 등이 있다. 북한 잠수함의 이름은 북한 측이 스스로 밝힌 적이 없다. 이 때문에 주로 미 해군정보국(ONI)에서 붙인 명칭이 국제적으로 통용되고 있다.

미 해군정보국은 냉전 시대 구소련에서 도입한 것으로 알려진 로미오급이나 위스키급 같은 경우에는 '나토 음성 문자'(NATO phonetic alphabet)를 이용했다. 즉 A는 알파, B는 브라보로 부르듯이 R급은 로미오급, W급은 위스키급으로 부르는 식이다. 상어(SANG-O) 역시 상어의 이름을 따 붙인 것으로 알려지고 있으나 일부에서는 모양이 상어를 닮아서 그런 이름을 얻었다고 주장하기도 한다.

유고급은 구 유고슬라비아제 잠수정을 역설계해 건조했다는 이유로 명칭이 부여됐다. 유고급은 1998년 속초 앞바다에서 꽁치 어망에 걸려 한때 '꽁치급'이라는 비아냥거림을 듣기도 했다.

연어는 산란기인 9~11월이면 먼바다에서 자신이 태어난 강으로 거슬러 온다는 점에서 북한의 연어급 잠수정과 묘한 공통점을 갖는 것 같다. 연어급은 북한이 이란에서 역수입했을 가능성이 있다고 미 정보 당국은 추정하고 있기 때문이다. 즉 북한이 이란에 먼저 수출한 연어급이 이란에서 첨단 장비로 '옷'을 갈아입은 후 북한에 다시 돌아갔을 개연성이 높다는 것이다. 그렇다면 잠수정이 연어처럼 북한으로 회귀한 셈이다.

엄사리의 유래

전국 각지의 지명 이름은 신기하게도 용도와 맞아 떨어지는 경우가 많다. 대표적인 곳이 영종도다. 영종(永宗)을 한자로 풀어보면 '긴 마루'다.

활주로를 '기다란 마루'로 해석하기에 적격이다. 게다가 영종도의 옛 이름은 자연도(紫燕島)다. 제비 섬이라는 뜻이다. 영종도 공항을 오르내리는 항공기들을 제비로 해석하면 더더욱 그럴듯하다.

양양공항이 있는 강원도 양양군 손양면 학포리(鶴浦里)와 호남권 신공항이 자리 잡은 전남 무안군 망운면(望雲面)도 그럴듯하다. 학이 드나드는 항구와 구름을 바라보는 곳이니 공항을 연상시키기에 제격이다.

심지어는 우주 발사체를 쏘아 올리는 고흥(高興) 나로우주센터에도 이를 적용한다. 높을 고, 흥할 흥이니 우주 발사체가 높은 곳으로 발사된다면 높은 곳에서 흥하는 게 아니냐는 식이다.

계룡대 3군 본부가 있는 엄사리도 원래는 '도깨비 터'로 알려져 있다. 엄사(奄寺)라는 지명도 과거 음절을 한자로 바꾼 것이다. 이런 영향 때문인지 엄사리 주변에는 종교 관련 건물들이 유난히 많았다고 한다. 그러나 도깨비도 무인(武人)의 기를 당해내지는 못한다. 그런 면에서 계룡대 터는 도깨비까지 제압하는 군인들이 생활하기에 제격인지 모르겠다.

전쟁이 만든 언어

언어는 시대를 반영한다. 전쟁도 가슴 아픈 단어들은 만들어 낸다. 조선시대 병자호란은 '화냥년'이라는 말을 만들었다. 병자호란 이후 오랑캐들에게 정절을 유린당하고 고향으로 돌아온 여성, 즉 '환향녀'(還鄕女)에서 유래한 말이었다.

6·25전쟁은 호구지책으로 몸을 팔아야 했던 여성들에게 '화냥년'이라

는 낙인을 우리 역사에서 다시 한 번 찍었다. 화냥년은 이후 상스러운 욕으로 통용됐다. 6·25전쟁에서 유래한 말은 또 있다. '골로 간다'가 그것이다. 전쟁 이후 흔히들 '골로 간다'고 하면 죽으러 가는 것과 같은 의미로 통했다. 한 인간의 죽음을 '골로 갔다'고 상스럽게 표현하기도 했다.

이유인즉 이렇다. 전쟁 와중에 선량한 양민들은 곧잘 총칼의 위협 속에 산속 골짜기로 끌려갔다. 그곳에서 억울한 죽음으로 내몰리곤 했다. 한마디로 골짜기로 끌려가는 것은 학살당하는 것을 의미했다. 이후 '골(짜기)로 간다'는 것은 곧 '개죽음'과 같은 의미로 통용됐다.

우는 아이를 달랠 때 흔히 쓰는 '에비야'라는 말이 있다. '에비야'라는 말의 '에비'는 귀와 코를 뜻하는 이비(耳鼻)에서 비롯됐다.

왜 '귀와 코'에서 나온 '에비야'라는 말은 무서운 뜻으로 받아들여졌나. 그 어원은 조선시대 정유재란 당시로 거슬러 올라간다. 정유재란 당시 불과 3개월 동안 조선의 양민 2만 명의 코가 잘렸다. 코뿐만 아니다. 왜군은 귀까지 잘라 소금에 절여 토요토미 히데요시에게 보냈다고 한다. 이 와중에 왜군은 산 사람의 코마저 베는 만행을 저질렀다.

이 때문에 코 없이 살아 있는 자들이 많았다고 《지봉유설》에서는 밝히고 있다. 이후 왜군의 만행을 두려워 한 조선인들 사이에 널리 퍼진 '이비'라는 말은 후손들에게까지 아기들을 겁주는 단어로 자리매김하기에 이르렀다. 앞의 '화냥년'과 '골로 간다' '에비야'라는 말들은 모두 국력이 약해 외세의 침탈이 있었거나 나라가 백척간두에 몰렸을 때 만들어졌다는 공통점이 있다.

언제부터인가 이 같은 말들을 주변에서 듣기가 힘들어졌다는 것은 그나마 다행스럽다. 국력이 커지고 백성들의 삶이 나아지면서 자연스럽게 '사어'(死語)가 돼 가는 게 아닌가 싶다.

흑룡사와 백골성당

백령도는 대한민국의 서북단 가장 끄트머리에 위치한 섬이다. 행정구역상으로는 인천광역시 옹진군에 속해있지만 실제로는 북한 측 해역 깊숙한 곳에 위치해 있다. 인천으로부터는 173km 떨어져 있지만 북한 월래도와는 불과 11km, 황해도 해주와는 14km 밖에 떨어져 있지 않다.

백령도에는 해병대 6여단 본부가 있다. 취재차 인천 부두에서 백령도까지 쾌속선을 타고 건너간 적이 있다. 이곳에서 '흑룡사'(黑龍寺)란 현판 하나가 취재 목적인 북한군의 동향보다 더 호기심을 끌었다. '흑룡사.' 마치 무협지에 등장하는 무공과 내공이 수십 갑자인 무림 고승들의 집단 거주지 같은 느낌이 들었다.

그러나 흑룡사는 백령도에 있는 군 사찰이다. 내부도 일반 사찰과 크게 다르지 않다. 정확한 소재지는 인천광역시 옹진군 백령면 북포리다. 흑룡사는 백령도 주둔 부대의 명칭이 '흑룡부대' 여서 그 이름을 따른 것이다.

백령도에 주둔하고 있는 해병 6여단의 사찰인 흑룡사

육군 3사단 백골부대 성당인 백골성당

'백골성당'도 그 이름만 보면 오컬트 영화에 등장하는 성당처럼 느껴진다. 백골성당은 육군의 많은 군 성당 가운데 하나다. 백골부대가 운영하는 성당이어서 붙은 이름이 백골성당이다.

군 장병들은 대체로 자신들의 부대명칭에 강한 애정과 자부심을 갖고 있다. '흑룡'이니 '백골'이니 하는 이름도 군의 특성이 무력을 사용하는 집단이라는 점에서 상대방에게 강인한 인상을 심어주고 스스로의 군기를 다잡게 해준다는 것이다.

동부전선의 육군 '율곡부대'는 부대명칭이 갖는 상징성이 부대원들에게 어떤 영향을 끼치는지 보여주는 또 다른 사례다. 율곡부대의 이전 명칭은 '뇌종부대'였다. 그 의미는 적에게 벼락과 같은 충격을 안겨준다는 강력한 의미였지만 정작 병사들은 '골 때린다'는 부정적 이미지를 연상하는 경우가 잦았다.

그러자 당시 사단장인 이성출 소장(전 한미연합사 부사령관)은 부대 명칭을 율곡부대로 바꾸었다. 이는 성공적인 개명이었다는 평가를 받았다. 10만 양병설을 주장한 이이(李珥) 선생의 호를 사용했다는 점과 이이는 곧 사단 명칭의 숫자 '22'를 연상시켰기 때문이었다.

부대 명칭은 현대 자본주의 시각으로 보자면 일종의 '브랜드 이미지'이다. 시장에 내놓는 상품이라면 이름부터가 상대방의 마음에 들어야 하겠지만 군부대의 브랜드는 강력한 힘을 떠올리게 하는 것이 유리하다.

할리우드 영화를 통해 이미지의 확대 재생산을 해온 미 해군의 '네이비 실'은 브랜드 이미지를 가장 널리 퍼뜨린 특수부대로 평가받는다.

해군의 대 테러 부대원들의 자질은 미국의 '네이비 실'에 결코 뒤떨어지지 않는다. 그럼에도 불구하고 '네이비 실'이 일등품이라고 한다면 우리 해군의 특수부대는 '특산품'이라고 볼 수 있다. 아직까지 이미지 관리가 전 세계에 보편적으로 알려지지 않았기 때문이다. 언젠가는 우리 군의 부대 명칭이 '네이비 실'처럼 전 세계에 상영되는 영화에서 자연스럽게 등장하는 날도 머지않았다고 본다.

연평도와 원탁의 기사

북한군의 포격 도발 이후 한때 연평도는 마치 신무기 전시장처럼 변했다. 언론 보도를 보고 있노라면 각종 무기가 연평도에 배치됐거나 앞으로 배치될 것처럼 나왔다.

아서 레이더, 엑스컬리버 포탄, 딜라일라 미사일 등이 대표적이었다. '아서'(ARTHUR)는 스웨덴 사브 사가 만든 대 포병 레이더 시스템이다. '엑스카리버'(Excalibur)는 GPS 유도 스마트 포탄의 이름이다. 이른바 '스스로 알아서 찾아가는 똑똑한 포탄'이다.

일부 언론에서는 엑스카리버가 연평도에 배치될 예정인 것처럼 보도한 적이 있으나 군은 "연평도 배치를 검토하고 있지 않다"며 "엑스카리버는 개발도 끝나지 않은 장비"라고 부인했다.

이들 무기가 배치됐건 안 됐건 간에 거론되고 있는 무기의 이름만 보면 연평도가 마치 '6세기 영국'이 된 듯하다.

잘 알려지다시피 아서는 켈트 민족의 영

아서 대 포병 레이더 시스템

웅으로 6세기께의 영국의 전설적 왕이다. 그는 각종 영화에서 원탁의 기사들을 다스리는 왕으로 나온다.

'엑스카리버' 역시 아서 왕의 전설에 등장하는 성스러운 검(劍)이다. 아서는 마법사 멀린의 도움을 얻어 성검 엑스카리버를 얻고 왕이 된다.

공교롭게도 과거 연평 포격 도발 사태 때에는 '멀린' 까지 등장했다. 당시 마이크 멀린 미국 합참의장은 마치 '마법사 멀린' 처럼 나타나 "대한민국의 국민, 영토를 방어한다는 것은 매우 정당한 것이며 미국은 이에 대한 지원을 아끼지 않는다는 것에는 추호의 의심의 여지가 없다"고 강조했다.

그러다 보니 '서해 5도 사령부' 가 해병대와 육·해·공군을 총망라한 부대란 점에서 '아서 왕의 전설' 에 나오는 원탁의 기사들이 집결한 '카멜롯 성' 을 연상시킨다.

디데이와 C데이

디데이(D-Day)는 전략적 공격 또는 작전 개시 시간을 나타내는 데 자주 사용되는 군사 용어다. 주로 미군이 사용해 왔는데 지금은 세계 여러 곳에서 두루 사용되고 있다. 'D' 의 유래에 대해서는 여러 설 가운데 '막연한 날짜' 를 나타내는 'Day' 의 약자라는 해석이 유력하다.

역사상 가장 유명한 디데이는 연합군이 노르망디 상륙작전을 실시한 1944년 6월 6일이다.

그렇다면 C데이는 무슨 뜻인가. 미군은 디데이를 특정 작전의 개시일 또는 개시 예정일로 규정하고, C데이는 전력의 전개 개시일 도는 개시 예정일로 사용하고 있다.

한국군에게 C데이는 한반도 유사시 미 증원 전력의 전개 개시일 또는 증원 개시일로 사용하고 있다.

M데이는 전면 동원 개시일을 뜻하고, N데이는 현역 부대 전개 또는 복귀 개시일로 규정하고 있다.

군사 용어로 '데이'만 있는 게 아니다. '아워'(hour)도 있다. 가장 대표적인 것이 'H아워'다. 'H아워'는 디데이의 특정 작전이 개시되는 특정 시간을 의미한다.

F아워는 예비군 동원령을 선포하는 시간이다. L아워는 C데이의 전개 작전 개시 시간을 말한다. 미군은 상륙 시간이란 의미로 L아워를 사용하기도 한다. 이밖에 'N아워' 등의 용어도 있으나 몇몇 용어는 대외비로 분류돼 있다.

장군 이야기

장군이 되는 길

군 정기 인사가 실시되는 매년 10월이 되면 군에서는 별들이 명멸한다. 한쪽에서는 대령에서 '원 스타'(준장)로 진급하면서 새로운 별들이 쏟아지고, 다른 한쪽에서는 전역과 함께 '빛나는 별' 계급장이 달린 장군복을 벗게 되는 것이다.

통상 육군에서는 55명 안팎, 해군, 공군에서는 각각 13명 안팎의 별들이 새로 탄생한다.

대한민국의 별 넷, 4성 장군(대장)은 총 8명이다. 합동참모본부 의장, 육·해·공군 참모총장, 한미연합사령부 부사령관, 육군 1군, 3군 사령관, 제2작전사령관 등이다. 이 가운데 합참의장은 국회 인사청문회를 통과해야 한다.

우스갯소리로 누가 별을 달게 될지는 계룡대 골프장 캐디도 70~80%는 맞춘다고 한다. 그만큼 장군이 될 사람은 누가 봐도 알 수 있다는 뜻이기도 하겠지만 풍기는 '포스'가 예사롭지 않다는 의미로도 해석된다.

그럼에도 불구하고 가을만 되면 진급 심사를 앞둔 대상자들의 마음은 콩닥콩닥 뛸 수밖에 없다. 국립묘지에 묻힌 군인도 무덤에서 벌떡 일어나 "진급자 명단에 ㅇㅇㅇ 이름 있느냐"고 묻는다는 우스갯소리가 있을 정도니 말이다.

심사위원들은 진급 심사장에 들어서면 경건함을 느낀다고 한다. 일반 회사에서는 한두 차례 승진이 누락되더라도 '역전의 찬스'가 없지 않다. 군에서는 2차에서까지 탈락되면 진급 적기를 놓치기 십상이다. 그러나 몇 년 전부터는 4전 5기의 주인공도 탄생하고 있다. 5차로 '별'을 단 주인공도 나왔을 정도다.

미군은 진급 적기를 심각하게 따지는 것 같지 않다. 미국 대통령을 지낸 아이젠하워 장군은 나이 47세가 될 때까지 소령 생활만 16년을 하고 나중에 원수까지 됐다. '마셜 플랜'으로 유명한 미국의 조지 마셜 장군은 소위 임관 14년 뒤에야 소령 진급을 했고, 중위 계급장만 9년을 달았다.

장군은 뭐가 다른 걸까

한국군에서 대령이 장군으로 진급해 별을 달면 달라지는 것이 많다. 먼저 집무실의 출입구 위에는 성판(星板, 별 판)이 부착된다. 장군이 근무 중이면 출입구 성판의 불이 켜지고 출타하면 꺼진다. 집무실 책상 위에는 별이 새겨진 성판과 함께 별이 그려진 장성용 메모지가 놓여진다.

차량에도 승용차와 지휘용 전투차량에 일반 번호판과는 별도로 성판이 지급된다. 육군은 빨강, 해군은 청색, 공군은 하

육군 4성 장군의 승용차에 부착된 성판

늘색 바탕에 별이 새겨진 성판을 단다.

또 장성을 상징하는 깃발인 장성기 게양과 행사시 장성곡 연주, 장군용 권총 · 허리띠 · 전투화, 전담 운전병, 장군 전용 식당 · 이발소 · 목욕탕, 관사 공관병 등등이 따른다.

특히 '장군의 상징' 인 성판의 경우 국민들이 장군들에게 보내는 무한 신뢰를 상징하는 것으로 군인들은 받아들인다. 그래서 해군 고속정에 육군 장군이 타도 그의 계급에 맞는 성판이 부착된다. 이는 군용차는 물론 군용기에도 적용된다.

이는 미군도 마찬가지이다. 미 육군 대장인 주한미군 사령관의 군용차가 아닌 승용차에도 별 4개짜리 성판이 조수석 앞쪽 창문에 붙어 있다.

해군에서는 장군이 함정을 방문하면 타종으로 맞이한다. 준장이나 소장에게는 6회, 중장 이상에게는 8회 종을 친다. 대상은 육 · 해 · 공군 장군을 가리지 않는다.

장군의 종류

'장수' (將帥)를 구분하는 데 있어서《손자병법》은 용장(勇將), 지장(智將), 덕장(德將)으로 분류했다.

여기서 용장은 뱃심과 사나운 용맹함, 추진력을 갖춘 장수라 하겠다. 지장은 말 그대로 뛰어난 전략가로 전술을 자유자재로 펼칠 수 있는 두뇌를 가진 장수다. 덕장은 가슴의 리더십을 발휘하는 장수다. 덕으로써 다스리니 부하들이 자발적으로 장수를 따른다는 의미다.

흔히들 삼국지에 나오는 장비는 용장, 조조와 제갈공명은 지장, 유비는 덕장이라고 말한다.

호사가들의 비유이지만 사람들은 또 일본 전국시대를 풍미한 세 장수, 오다 노부나가와 토요토미 히데요시, 도쿠가와 이에야스를 '울지 않는 새'의 비유를 들며 비교하기를 좋아한다. 용장인 오다 노부나가는 울지 않는 새는 죽여 버린다. 지장인 토요토미 히데요시는 울지 않는 새는 울게 만든다. 덕장인 도쿠가와 이에야스는 새가 울지 않으면 울 때까지 기다린다는 비유다.

《손자병법》에서는 용장은 지장만 못하고, 지장은 덕장만 못하다고 지적했다. 즉 사나운 용맹은 전략을 이기지 못하고, 전략은 덕의 리더십을 넘지 못한다는 것이다.

현실에서 장수란 모름지기 지, 덕, 용을 두루 갖춘 사람이 많다. 그 가운데서 어느 부분이 가장 두드러지느냐에 따라 용장과 지장, 덕장으로 불리는 것 같다.

언론 매체들이 과거 김관진 장군(육사 28기)이 국방장관에 임명됐을 당시 내놓았던 프로필의 대부분은 "전형적인 무장"이라는 등 '용장'의 이

한국군을 이끌어나가는 전군 주요 지휘관 장군들

미지가 대부분이었다. 하긴 "적 위협의 근원을 완전히 없앨 수 있을 때까지 충분히 응징하겠다" "강력한 대응 외엔 답이 없다" 등의 발언을 보면 그럴 만도 하다. '침과대적'(枕戈待敵, 창을 베고 적을 기다린다)이나 '차수약제 사즉무감'(此讐若除 死則無憾, 원수를 무찌른다면 지금 죽어도 여한이 없다) 같은 말의 사용도 마찬가지이다.

그렇다면 과연 그는 용장인가. 결론적으로 말하자면 그럴 수도 있겠지만, 그와 같이 근무한 군인들의 평가에 따르면 덕장에 더 가깝다. 강인한 인상을 풍기는 외모와 성격이 분명한 것과는 달리 합리적인 성품의 소유자로, 지시보다는 아랫사람을 믿고 역할을 위임하는 스타일이라는 것이다. 또 조직의 인화와 단결을 강조하는 온화한 성품이라는 데 대부분 공감했다.

육군참모총장 출신인 남재준 장군(육사 25기)의 사례를 보자. 그가 국정원장에 내정됐을 때 나왔던 인물평은 철저한 원칙주의자라는 것이었다. 사실 그는 타인보다 본인에게 더 엄격한 스타일이다. 또 잘못된 부분에 대해서 과감하게 관행을 깨려고 할 때는 타협을 하지 않는다.

'별로 취미가 없는 것이 취미'라는 그는 현역 시절 장군으로서는 드물게 골프도 하지 않는가 하면 군사 교범을 손에서 놓지 않았다. '군사학에 정통하면 모든 것이 통한다'는 게 그의 지론이었다. 그는 전사나 교리의 경우 인류가 생긴 이후부터 수억 명이 죽어가며 피를 흘리고 뼈로 피를 잉크 삼아 기록한 소중한 경험이 책 한 권에 담겨 있기 때문에 소중하다고 말하곤 했다.

군인은 책을 읽어도 군사 전문 서적을 먼저 읽고 남는 시간에 교양서적을 읽어야 하며, 영화를 봐도 전쟁 영화를 먼저 보고 남는 시간에 오락 프로를 보고, 일을 하더라도 각종 군사 이론에 대해 먼저 토론하고 남는 시간에 다른 이야기를 해야 한다고 강조하는 그를 보면 지장의 풍모가 엿보인다.

그러나 현역으로 복무할 때의 꿈은 조국에 충성하는 것이고, 전역 후의 꿈은 '작은 조국'인 아내에게 충성을 다하는 것이라고 했던 그를 지장이나 용장, 덕장 중 어디에 해당하는지를 분류하는 것은 무의미한 것 같다.

육군참모총장 출신으로 국방장관까지 역임했던 김장수 장군(육사 27기)도 마찬가지다. 그는 노무현 정부 때 국방장관, 이명박 정부 때 여당 국회의원, 박근혜 정부 출범과 함께 청와대 국가안보실장직을 수행했다. 정권이 바뀌어도 국가 요직을 계속 수행한 배경에는 '국가의 안위를 먼저 생각한다'는 스스로가 정한 원칙에 따른 결과라는 게 주변의 평가다. 북방한계선(NLL)에 대한 그의 소신이 대표적이다.

그는 '꼿꼿 장수'로도 잘 알려져 있다. 남북정상회담 당시 김정일 국방위원장에게 고개를 숙이지 않고 꼿꼿하게 악수를 하면서부터 붙은 수식어다.

그가 꼿꼿하게 서서 악수한 것은 우발적인 행동이 아니었다. 남북정상회담을 위해 평양을 향해 떠나기 전에 이미 김 전 국방장관은 세계 여러 나라의 유사 사례를 수집해 분석했다. 그리고 나서 어떤 자세로 북한군 최고사령관을 대하는 게 맞느냐를 놓고 숙고를 거듭했다. 그는 "사실 다른 나라의 사례를 아무리 살펴봐도 정답이 없었다"며 "결국 국군의 군령과 군정을 책임지는 국방장관으로서 대한민국 국민과 국가의 자존심을 보여주는 태도로 인사를 나누는 게 바람직하다는 결론을 내렸다"고 밝힌 바 있다.

이처럼 여러 명의 사례에서 보듯이 나름대로 가치관이 뚜렷함에도 불구하고 그들이 어떤 유형의 장군인지 무 자르듯 재단하기란 쉽지 않다. 다만 경험칙상 위기 상황에서는 장군의 특징이 여실히 드러나고 뛰어난 장군은 나름대로 의미 있는 족적을 남기는 것 같다. 난세에 영웅이 난다고 했던가.

독일 육사 출신 장군들

한국군에는 독일 육사 출신 장군들이 심심치 않게 눈에 띈다. 이들은 육군사관학교 수학 도중 독일 사관학교로 유학을 가 졸업한 장군들이다.

국방장관직까지 수행한 장군도 여럿이다. 김관진 장군과 김태영 장군이 대표적이다. 김관진 장군이 육사 28기, 김태영 장군이 육사 29기로 두 사람은 1년 선후배 사이이다. 두 사람 모두 육사 기수 중에 1명만 선발하는 독일 유학 시험에 합격, 육사 2년차인 1969년과 1970년에 각각 독일로 가 3년 동안 공부했다. 한국 육사생도의 독일 육사 유학이 이뤄진 것은 1966년 한독 육사생도 위탁교육 프로그램이 시작되면서부터이다.

그렇다고 두 사람이 같은 곳에서 공부를 한 것은 아니다. 김관진 장군은 뮌헨의 독일 육사에서 수학했고, 김태영 장군은 함부르크의 독일 육사를 다녔다. 굳이 한국식으로 표현하자면 '한솥밥'을 먹은 것은 아니라는 것이다. 프로이센의 전통이 강한 독일은 규모가 큰 주를 중심으로 사관학교가 개별적으로 세워져 있다가 나중에 통폐합됐다. 독일의 경우 군인 귀족 출신들의 자제는 부모처럼 장교의 길을 걷는 경우가 많다.

재미있는 것은 과거 독일 육사는 학사 학위를 수여하지 않았다는 것이다. 한마디로 독일 육사를 졸업하면 한국식의 대학 졸업장이 없었던 것이다. 이 때문에 독일 육사로 유학을 갔다 와서 임관한 장교들은 공식 학력이 고졸로 기재됐다. 그래서 이들은 국내 대학 위탁 교육을 통해 학사 학위를 취득했다.

독일 유학을 마친 김관진 장군에게도 서울대 위탁 교육 기회가 주어졌다. 그러나 그는 거부했다. 이유인즉, 군인이 되려고 육사를 갔지, 서울대 가려고 육사 간 게 아니라는 것이었다. 이 때문에 그는 오랜 기간 동안 공식 학력이 고졸이었다. 후배 장교들은 이것을 그의 원칙과 소신을 보여주는 에피소드로 받아들이고 있다. 이후 그는 군 당국에 문제점을 제기했고, 소정의 절차를 거쳐 대학 졸업 학력을 인정받았다. 현재 그의 최종 학력은 대학원 졸업이다.

제1야전군 사령관을 지낸 박정이 예비역 육군 대장(육사 32기)도 독일 육사 출신이다. 그는 천안함 민관합동조사단의 군측 단장을 맡기도 했다.

류제승 장군(육사 35기) 역시 독일 육사와 독일 전투병과학교를 졸업했고, 독일 보훔 대학교에서 역사학 박사 학위를 받았다. 합참 군사 전략과장 출신으로 군의 대표적인 전략통 장

박찬주 장군이 독일 정부가 수여하는 은성명예십자훈장(Ehrenkreuz der Bundeswehr Silver)을 받고 있다.

군인 그는 클라우제비츠의《전쟁론》을 번역해 출간한 바 있다.

 기갑전의 전문가인 박찬주 장군(육사 37기)도 독일 육사 출신으로 독일 육군청 교환 교관을 지냈다. 그는 요직인 전시작전통제권 전환 업무를 총괄하는 '전작권 전환 추진단'의 단장을 역임했고 2009년에는 독일 정부가 수여하는 은성명예십자훈장(Ehrenkreuz der Bundeswehr Silver)을 받았다.

장군의 배낭

 한미연례안보협의회의(SCM) 취재를 위해 미 국방부(펜타곤)을 수차례 방문할 때마다 미군 장군들의 격의 없는 모습을 자주 보곤 한다. 한번은 미 공군 중장이 배낭을 메고 펜타곤 건물로 출근하기에 그 모습을 카메

배낭 차림으로 펜타곤에 출입하는 미군 장성

라 필름에 담았다. 그러면서 가벼운 호기심을 느꼈다. 그의 배낭 안에는 무엇이 있을까. 몇 가지 서류쯤은 있겠지만 비밀 서류는 없을 것이다. 원칙적으로 대외비 서류는 한국이나 미국이나 외부 유출이 금지돼 있다. 추측컨대 그의 배낭 안에 샌드위치와 같은 가벼운 도시락도 들어 있지 않았을까 싶은 생각도 들었다.

출근길의 펜타곤 근처 거리에서는 은빛 별이 양 어깨에 빛나는 유니폼을 입고 간이 레스토랑 앞에서 줄을 서 주문 순서를 기다리는 장군들의 모습도 심심치 않게 눈에 띈다. 포장한 음식 박스를 들고 펜타곤까지 걸어가는 장군을 본 적도 있다.

신세대 병영

'국방부 시계'는 없다

시계는 19세기만 해도 귀족 등 특수층만 가질 수 있는 귀한 물건이었다. 그러던 시계가 이제는 지천으로 널려 있다. 길거리 좌판에서 파는 몇천 원짜리에서부터 수억 원에 이르는 최고급 시계에 이르기까지.

이처럼 흔한 시계를 볼 수 없는 곳이 있다. 고급 카지노에는 시계가 없다. '신선놀음에 도끼자루 썩는 것'을 모르도록 하자는 의도다. 재미있는 일에 몰두하면 사람은 시간 가는 줄 모른다. 반대로 힘들거나 지루한 상황이 닥치면 시계를 자주 보게 된다. 일종의 상대성 원리다.

그런 의미에서 대한민국에서 가장 많이 회자된 시계가 있다. 특히나 젊은이들 입에 많이 오르내렸다. '거꾸로 매달아도 국방부 시계는 간다'로 유명했던 그 '국방부 시계'다. 어떤 순진한 병사는 국방부 시계는 특수해서 거꾸로 매달려 움직이는 것으로 알았다는 '믿거나 말거나'한 이야기도 있다.

국방부 시계는 군 생활이 아무리 힘들어도 시간은 흘러가고 언젠가는 제대할 때가 온다는 의미로 병사들의 입에 오르내리던 하나의 '상징'이었을 게다. 나중에야 추억으로 남는다고 하지만 끝없는 긴장 속에서 힘든 시간을 보내는 신병들은 '국방부 시계 바늘' 돌아가는 소리를 마음속으로 들으며 위안을 삼았다.

국방부를 출입하면서 '국방부 시계'라고 불러도 손색이 없을 만한 상징적인 시계가 있는지 찾아본 적이 있다. 과거 군 생활의 추억을 떠올리며 진짜로 국방부 시계가 있는지를 물어보는 주변 사람이 의외로 많았기 때문이다.

섭섭하게도 찾을 수 없었다. 그렇다고 국방장관 접견실 시계가 그것이라고 말할 수도 없지 않은가.

그나마 요즘의 신세대 병사들에게는 국방부 시계란 말 자체가 생소한 단어다. 이미 추억의 뒤안길로 사라졌다. 대신 분초를 다투는 정보화사회의 물결이 군대에도 밀어닥쳤다. 힘든 병영 생활 속에서 국방부 시계를 머릿속에 그리며 시간만 빨리 가기를 기다리던 시대에서 시간을 쪼개가면서 쓰기 바쁜 시대로 점차적으로 바뀌고 있는 것이 요즘 군대다.

지휘관들도 마찬가지다. 사단장을 하면서 관할 지역 명소 한번 가지 못하고 이임하는 경우도 허다하다고 한다. 원거리 화상 회의에 참석해야 하는 것도 바쁜 일과 중 하나다. 신세대 병영에서는 '시(時)테크' 개념이 필수다.

신세대 연예 병사와 신비주의

연예계에서는 이른바 '신비주의'가 유행이다. 연예계에서 신비주의는 상업주의의 또 다른 표현이지만 젊은 남자 연예인들의 경우 군에 입대하게 되면 신비주의 가면을 벗지 않을 수 없다. 군이라는 집단 사회에서 고독을 수반해야 하는 신비주의자는 필요가 없을 뿐더러, 신비주의를 자처하다가는 영창 가기 딱 좋기 때문이다.

그런 면에서 "이왕 하는 군 생활 화끈하게 하겠다"며 군기가 세다거나 근무 환경이 녹록치 않은 최전방 부대의 수색대를 자원하는 경우도 왕왕 있다. 통상 연예인들이 선호하는 소위 '연예 병사'(홍보지원대원)의 길을 걷지 않겠다는 것이다.

해병대를 지원한 현빈이 대표적인 사례이다. 송승헌도 연예 병사를 마다하고 2004년부터 2006년 사이에 강원도 지역에서 군 복무를 했다. 특히 송승헌의 경우에는 국방홍보원이 그를 연예 병사로 뽑으려 했으나 본인이 지원하지 않아 무산됐다. 당시 국방홍보원은 '명령에 살고 명령에 죽는 것이 군인'이라며 그를 연예 병사로 배속 명령을 내리는 것까지 한때 검토하기도 했다.

그렇다면 연예 병사를 거부하는 연예인들이 늘어나고 있을까. 물론 군인답게 군 생활을 하겠다는 마음이 가장 크게 작용했을 것이다. 하지만 거기에는 또 다른 숨은 이유도 있다.

연예 병사로 선발되면 국방홍보원이 정해준 스케줄대로 움직여야 한다. 국군방송 DJ를 하라고 하면 해야 하고, 국군방송 위문열차에 출연하라고 하면 나가야 한다. 국군 홍보 영화에 출연하라고 하면 해야 한다.

즉, 특A급 스타라도 꼼짝없이 B급 스타와 별반 다름없이 국군 홍보에 동원되면 이미지 관리에 '독'이 된다고 판단할 수 있다. 사회에서는 영화도 이미지 관리를 위해 시나리오를 선택하고 광고도 가려서 하는 판에

군에서 자주 얼굴을 내밀다 보면 이미지 관리가 안 된다는 것이다.

그래서 요즘은 연예 기획사가 스타들에게 이미지 관리 차원에서 연예 병사가 아닌 일반 병사로 복무하는 것을 권유하기도 한다. 물론 이것도 무지하게 잘 나가는 배우들에게나 해당되는 얘기이다. 당장 군 입대로 2년여의 공백으로 팬들의 기억에 사라질 배우라면 연예 병사가 되려고 안간힘을 쓰게 마련이다.

배우뿐만이 아니다. 음악 프로듀서는 국방홍보원에 배속되면 음악을 계속할 수 있어 문을 두드린다. 개그맨도 마찬가지이다. 공백 없이 입담을 계속 갈고 닦기에는 연예 병사가 제격이기 때문이다.

그런 면에서 연예 병사가 아니면서도 자신의 재능을 계속 유지하는 방법으로 군악대의 문을 두드리는 연예인도 있다. 배우 조인성과 가수 성시경이 그랬다. 어찌 됐건 스타는 군대에서도 동료 병사들의 관찰 대상이다.

연예 병사로 복무하면서 그릇이 커진 연예인도 있다. 국제 가수 싸이다. 싸이는 군 위문 공연을 다니면서 무대 감각을 유지할 수 있었다고 밝힌 적이 있다. 병사들도 싸이의 공연에서는 그의 열정적인 무대 매너에 열광의 도가니에 빠져들었다.

어떤 유명 연예인은 현역 복무 시절 연예 병사로 차출돼 억울했다는 하소연을 하는 모습을 연출하기도 한다. 그러나 이는 해당 연예인의 소속사가 펼치는 일종의 언론 플레이다.

대부분이 처음에는 신병훈련소 조교를 한다는 등 '허세'를 부리다가 내무반 군기도 만만치 않고 해서 연예 병사로 신분을 바꾸는 경우인데 팬들한테 자세한 내막을 얘기하기에는 곤란한 측면이 있다. 그래서 차출 운운하는 것인데 연예 병사는 100퍼센트 지원제이기 때문에 본인이 원하지 않으면 강제로 국방홍보원으로 전출할 수가 없었다.

연예 병사 제도는 군 홍보 목적으로 국방홍보지원대가 설립된 1997년부터 운영되기 시작했다. 국방부 근무지원단 지원대대 홍보지원중대 소속인 연예 병사는 영화배우, 탤런트, 개그맨, 가수, MC 등으로 활동한 현역병 중에 선발됐다. 통상 경쟁률은 3대 1을 넘었다.

정원은 20명으로 훈련소 퇴소 직후 선발되거나 야전 부대에 배치된 이후 재분류 과정을 거쳐 선발되기도 했다.

군 당국은 연예인의 재능을 국방 홍보에 활용할 수 있다는 점에서 연예 병사 제도를 운영해왔으나 연예 병사들의 자유분방한 생활로 일반 병사와의 형평성 논란이 제기되기도 했다. 2011년부터 연예 병사들이 휴가나 외출, 외박 등에서 일반 병사들보다 특혜를 받고 있다는 비판이 제기되더니 2명의 연예 병사가 안마방을 가기 위해 숙소를 무단이탈하는 문제가 발생한 것을 계기로 국방부는 연예 병사 제도를 폐지했다. 연예 병사 제도 시행 16년 만이었다.

국방부는 연예 병사 폐지에 따라 이들이 출연했던 국군방송 위문열차 공연에는 외부 민간 출연자를 섭외하고 재능 있는 일반 병사들을 선발해 공연에 참여시키고 있다. 위문열차 공연이 열리는 부대에서 춤과 노래, 연극 등에 '끼'가 있는 일반 병사를 오디션을 통해 선발, 투입하고 행사가 끝나면 원래 임무로 환원시키는 방식이다. 이제 신세대 연예인들은 본인이 원하건 원하지 않건 군 복무 기간 동안에는 대중에게 노출이 쉽지 않게 됐다.

신세대 전투복의 로열티

이제는 군복도 특허 시대이다. 국방부는 화강암 표면의 질감처럼 보이는 신형 군복 무늬를 특허출원 했다. 군 특허출원의 가장 큰 목적은 원단 생산업자들이 군 당국의 허가 없이 군복과 같은 군용품을 대량 생산하는 사례를 막기 위한 것이다. 그런 만큼 패션 트렌드인 '밀리터리 룩' 제조업체로부터 로열티를 받을 계획은 없는 것 같다. 이제는 군에서도 밀리터리 룩 자체를 군에 대한 친화감의 표시로 이해하는 분위기가 있다.

기존 얼룩무늬 군복을 대체해 전군에 보급된 신형 전투복의 가장 큰 특징은 디지털 패턴 무늬로 화강암 형태와 침엽수, 수풀, 흙, 돌, 그림자 등을 응용했다는 점이다. 신형 전투복은 디지털 5도색 적용과 적외선 반사율 확장 등을 통해 위장 효과를 극대화했다.

검정색과 회색을 도트(Dot, 점)형으로 조합한 디지털 군복의 가장 큰 특징은 인공위성에서 주변 환경과 병사들을 구별해 내기 힘들다는 점이다. 인공위성에서는 디지털 무늬가 점으로 표시돼 식별할 수 없기 때문이다. 신형 전투복은 적외선 야시 장비로도 탐지가 힘든 것으로 알려졌다.

적외선 반사율이 900~1,200나노미터(nm)로 야간 투시 장비에 대한 위장성이 탁월하다는 평가도 받고 있다. 병사들한테는 신속 건조 기능이 있어 과거 선배 병사들처럼 빗속 행군 후 사타구니가 전투복에 쓸려 게걸음을 할 필요가 없다고 한다.

착용법도 20년 만에 바뀌었다. 윗옷의 앞여밈 방법이 단추에서 지퍼 및 접착포로 바뀌었고, 윗옷을 아래옷 안으로 넣어 착용하던 방식은 아래옷을 밖으로 내어 입는 방식으로 변경됐다. 주머니도 일자형에서 사선형으로 바뀌는 등 전투복의 소소한 부분에까지 많은 변화를 줬다.

원래가 전투복의 특징은 '위장복'의 성격을 가장 많이 띠고 있다. 무늬와 옷이 주변 환경과 잘 어울려야 적의 정찰에 걸리지 않는다. 그러나 과거 얼룩무늬 전투복은 다리지 않으면 후줄근해 보였다. 그러던 것이 이제는 '링클 프리'여서 다림질을 안 해도 세련돼 보인다. 편리하고 모양새도 좋은 만큼 착용하는 군인들 입장에서도 기분 좋은 일이다. 이는 군의 사기 진작과도 연결된다.

해병대의 신형 디지털 전투복에는 해병대의 상징인 '앵커'(닻) 엠블럼이 들어가 있다.

군대와 돼지

과거 군대에서는 돼지가 상품으로 많이 나왔다. 일선 부대별 체육대회가 열릴 때 등에 '1등'이라고 쓰인 돼지는 꿀꿀거리는 것도 잠시, 대회가 끝나면 1등을 차지한 부대원들의 입속으로 들어갔다.

문제는 격려품이나 상품으로 지급받은 돼지의 처분이다. 1980년대까지만 해도 돼지를 '분해'해 부대원들에게 먹이는 데 큰 어려움이 없었던 것 같다.

80년대 초 육군 전방 부대에서 중대장 임무를 수행했던 한 군 간부는

"도루코 칼 하나로도 돼지 껍질까지 손질을 마무리했다"고 과장된 경험담을 늘어놓은 적도 있다.

심지어 '돼지 서리' 무용담도 있다. 부하들이 한밤중에 민가에 잠입해 돼지를 '보쌈' 해 먹은 것이 나중에 들통 나 주인에게 사과와 함께 돼지 값을 물어줬다는 내용이다. 돼지 '납치'의 주동자는 톱밥을 반쯤 채워 넣은 모래주머니를 돼지 머리에 씌워 돼지의 숨통을 끊었다고 한다. 놀란 돼지가 크게 숨을 쉬다 코로 톱밥이 한꺼번에 들어가는 바람에 숨이 막혀 세상을 하직했다는 것이다. 전방 부대에서는 잔반을 미끼로 한 덫을 놔 멧돼지를 잡은 사례도 있었다.

그러나 세월이 흘러 2000년대를 넘어서면 상황이 달라진다. 돼지를 위문품이나 상품으로 받은 부대 지휘관들은 돼지를 처분하는 데 어려움을 겪었다고 이구동성으로 말했다.

한 해병대 간부는 대대장 시절 "돼지를 잡으라"고 명령해 놓고 잠시 후에 가서 보니 돼지가 부대 건물 밑에서 거품을 물고 소리를 지르고 있던 일화를 소개하기도 했다. 사연을 알아본 그는 어처구니없는 사실을 확인하곤 실소를 금할 수 없었다.

부대원 그 누구도 돼지를 잡아본 경험이 없는지라 돼지를 건물 옥상으로 끌고 올라가서 건물 밑으로 밀어 떨어뜨렸다는 보고를 받았기 때문이었다. 그러나 살이 많은 돼지는 죽지는 않고 추락의 고통에 몸부림칠 뿐이었다. 그는 "빨리 도축장으로 가져가라"고 부하들에게 지시했다.

군에서도 1970년대에는 돼지를 키웠다. 정부가 새마을운동이 한창일 때 군에서 가축을 키우는 것을 장려했기 때문이었다. 이에 따라 일선 부대에서는 병영 한편에 축사를 마련해 닭과 돼지 등을 키웠다. 군에서는 키운 가축의 일부는 급식으로, 일부는 내다 팔았다.

현행법상 도축장 외에서 소나 돼지를 잡는 것은 불법이다. 하지만 대부분 군부대에서 도축장까지는 꽤 먼 거리다. 멀리 있는 도축장까지 돼지를 차량에 싣고 가는 것도 문제인데다, 비록 몇 만 원이지만 도축비까지 내야 하기 때문에 요즘 군부대에서 돼지는 '노 땡큐!' 다. 이제는 군대에서도 장병들의 격려 차원에서 무엇인가를 보내고 싶다면 '돼지' 보다는 '현찰' 이다.

신세대 병사와 외국어

영어는 군대에서도 또 다른 기회를 주는 것 같다. 우리 군이 한반도 내에서뿐만 아니라 평화유지활동(PKO) 등으로 그 활동 영역을 세계로 확대하고 있기 때문이다. 군이 해외파병 부대원을 모집하는 군내 공고를 내면 평균 10대1이 넘는 경쟁률이 예사다.

해외파병 병사들은 다른 장병들이 맛보지 못한 독특한 경험을 군에서 체험하게 된다. 파병 부대 경험은 전역 후에도 큰 자산이 된다. 어떤 의미에서 민간인이라면 하고 싶어도 하기 힘든 멋진 경험이기도 하다.

지원 동기를 물어보면 등록금 마련에서부터 해외여행 경비 마련까지 그 이유도 가지가지였다. 심지어 스포츠카 사는 데 보태기 위해서라는 대답도 들어봤다. 그만큼 신세대 병사의 다양성을 보여준다.

대신 외국어 실력이 떨어지는 병사는 지원조차 할 수가 없는 게 현실이다. 그러고 보면 미국의 35대 대통령 케네디가 "근무처 배치가 불공평하다"고 불평하는 미군들에게 "어떤 사람은 북극 지방에서 근무하고, 어떤 사람은 샌프란시스코에서 근무한다. 인생은 불공평하다(Life is unfair)"라고 했던 말이 맞는지도 모르겠다.

하지만 케네디의 말처럼 군인의 근무처 배치가 인생의 불공평으로까지 연결되지는 않는 것 같다. 최전방 골짜기 같은 험지에서 근무하면서 근무 여건이 편한 곳보다 훨씬 많은 '내공'을 쌓은 병사들을 봐왔기 때문이다. 그 내공은 사회에 복귀하면 큰 자산이자 자신감이 된다. 흔히들 사회에서 일가를 이룬 사람들 대부분이 "지금의 나를 키운 것은 역경이다"라고 말하는 것도 이런 맥락에서다.

힘들고 고통스러운 과정도, 즐거운 추억도 모두 긍정적인 발효 과정을 거치면 인간을 한층 더 원숙하게 만든다. 과거 어른들이 했던 '군대 갔다 오면 철든다'는 말도 그래서 나왔다.

다문화 시대의 한국군

한국군에 부는 다문화 물결

한반도에는 남북간 대치 상황이 계속되고 있지만 다행히 다른 국가들이 골머리를 앓고 있는 인종 갈등이나 종교 분쟁, 언어 분쟁은 존재하지 않는다.

이제는 한국 사회가 빠르게 다문화 사회로 변화해 가면서 덩달아 군도 다문화 물결을 피할 수 없게 됐다. 외국인 배우자와의 사이에 태어난 '다문화 자녀'들이 증가하고, 이들이 나이를 먹어가면서 군문을 두들기고 있다. 군은 이미 다문화 가정 출신 군 간부를 배출했다. 육군에는 다문화 가정 출신 부사관들이 복무중이다.

다문화 출신 군인은 과거에도 있었다. 조선왕조실록에 따르면 임진왜란 당시 '해귀'(海鬼)라는 존재가 왜군을 공포에 떨게 만들었다. 왜장 가토 기요마사는 경주성 공략을 앞두고 해귀에게 수많은 부하를 잃었다고 한다. 해귀는 바다 건너에서 온 귀신을 뜻한다. 해귀는 파랑국(현재의 포르투갈) 출신 흑인 노예였다. 이전에 흑인을 본 적도 없는 왜군들은 그를 귀신으로 여겨 해귀로 불렀다. 조선왕조실록에는 해귀가 '무예가 뛰어나고, 조총과 칼을 자유자재로 다룬다'고 나와 있다.

군은 2009년 12월 병역법과 시행령 등을 바꿔 인종, 피부색 등을 이유로 현역 입대를 제한했던 규정을 모두 없앴다. 그 결과 2011년 이후 다문화 가정 자녀들은 속속 군에 입대하고 있다. 다문화 가정 출신 병사들은 현재 200명 안팎에 불과하지만 10년 후면 1만 명 가까이 될 전망이다. 국방부는 저출산으로 인해 입대자 수가 줄어드는 현실을 감안해 다문화 가정 출신 병사들을 귀중한 인적 자원으로 간주하는 정책을 펴고 있다.

현재 다문화 가정 출신 육·해·공군 장병은 200여 명 정도에 불과하지만 앞으로는 가파르게 늘어나게 된다. 행정안전부 조사에 따르면 2012년 징병검사 대상자인 다문화 가정 출신 만 19세 남자는 1,165명이었다. 이런 추세가 계속되면 2019년에는 다문화 가정 출신 징병검사 대상이 3,045명, 2028년에는 8천 명을 넘어서 현역병 수(육군 21개월 복무 기준)가 1만 2천 명을 넘어설 것으로 국방부와 병무청은 추산하고 있다.

사회 통합 차원에서도 '다문화 병영' 시대를 피할 수 없다. 2011년 1월 기준으로 국내에 사는 결혼 이민자는 21만 1,458명, 또 이들의 자녀는 15만 1,154명이었다.

외국인과의 혼인도 2003년 2만 4,776건에서 2010년 3만 4,235건으로 늘어나는 추세다. 이처럼 다문화 가정이 한국 사회의 한 축을 이루고 있는 만큼 다문화 가정 출신이 병역의무를 이행하는 것은 사회 통합 차원에서 당연하고도 자연스러운 일이 됐다.

이제는 다문화 가정 출신 장병이 먹는 음식과 소수 종교(특히 이슬람)를 믿는 경우에 종교 활동의 여건을 보장하는 방안도 나올 것으로 보인다.

다문화는 오랜 역사

실상 우리 주변에는 귀화 외국인이 심심찮게 등장하고 있다. 눈을 감고 들으면 도무지 외국인인지 알기 힘들 만큼 경상도 사투리를 구사하는 국제 변호사 하일(河一, 미국 이름 로버트 할리) 씨는 '영도 하씨' 시조다. 처음 한국 땅을 밟은 곳이 부산 영도이고 할리라는 미국 성의 발음이 하일과 비슷해 이를 아예 한국 성명으로 했다.

TV에서 자주 보는 독일 태생의 이한우 씨는 원래 태어날 때 이름이 베른하르트 크반트로 우리나라 '독일 이씨'의 시조다.

《족보연감》등 전문 서적에 따르면 우리나라 성씨는 대략 270개 정도로 이 가운데 130여 성씨가 외국에서 온 귀화 성씨라 한다. 비록 귀화가 천년 가까운 세월이 흘렀다 하지만 아랍계인 덕수 장(張)씨 등 100만에 가까운 성씨가 있고, 독고(獨孤)씨, 섭(葉)씨, 마(麻)씨 등 1천 명 미만, 그리고 500명도 안 되는 풍(馮)씨·초(楚)씨도 있다. 베트남계 귀화 성씨로는 화산(花山) 이씨가 있다.

조선시대 최초의 귀화인은 개국 공신으로 이성계와 처조카 사이이자 의형제였던 여진족 퉁두란이다. 당시 그의 고향인 청해에서는 여진족과 조선인이 혼인하는 일이 다반사였다. 조선시대 맹 정승으로 유명한 맹사성도 귀화인의 후손이다.

국내 스포츠계의 귀화 원조는 러시아인 사리체프다. 프로축구 골키퍼인 그는 '신의 손'이라는 별명을 그대로 한국 이름 '신의손'(申宜孫)으로 차입했다. 그는 '구리 신씨'다. 귀화 당시 소속팀 안양LG의 훈련장이 경기도 구리시에 있었기 때문이다.

이쯤 되면 '단군의 자손'을 내세우는 단일민족 국가의 자부심도 무색해진다. 우리 민족의 원류가 북방계와 남방계로 이뤄져 있다는 사실을 인정한다면 이는 너무나 당연한 얘기다.

현대 민족주의에서 이미 혈통은 대체로 부인되고 있다. 역사적 운명의 공유와 일체감, 그리고 언어의 동질성을 민족의 본질로 삼는 것이 작금의 추세다. 군에서도 마찬가지이다.

한국군은 다문화 용광로

군 당국이 밝히고 있는 '다문화 장병'의 범주는 외국인 귀화자, 새터민 가정 출신 장병, 국외 영주권자 입영 장병, 결혼 이민자 등이다.

그동안 한국군에서는 단일 문화 공동체를 유지해 왔기 때문에 사병들끼리 문화적인 충돌이 일어날 일은 별로 없었다. 그러나 이제는 장병들 간의 문화적 차이도 있을 수 있다. 교육과학기술부가 현황을 조사한 결과 2012년 4월 1일 기준으로 올해 우리나라 다문화 학생 수는 5만 5,989명이다. 이 가운데 부모 한쪽 이상의 국적은 중국이 33.8%로 가장 많았다. 일본 27.5%, 필리핀 16.1%, 베트남 7.3%, 태국 2.4%, 몽골 2.2% 순이었다. 이들이 성장해 군에 입대하게 되면 알게 모르게 문화적 차이를 드러낼 가능성을 배제할 수 없다.

군 병력 자원은 출산율 저하로 2021년부터 2029년까지 매년 1천~3만 7천 명이 부족하게 된다. 2029년이면 최대 3만 명 이상의 병력이 부족할 수 있다는 얘기다.

이처럼 장기적으로 병역 자원이 줄어드는 상황에서 다문화 가정 출신 자들을 병역의무에서 제외한다면 군 병력 유지 자체가 불가능해지는 상황에 빠질 수 있다.

현재는 다문화 가정의 19세 남성 자녀가 징병검사 대상의 0.3%에 불과하지만 2019년에는 1%를 차지하게 된다. 저출산으로 현재 30만 명대인 19세 남성 인구가 20만 명대로 떨어지는 2021년부터 이들이 병사에서 차지하는 비중은 더욱 높아져 2025년에는 2%(50명 중 1명), 2030년에는 4.6%(22명 중 1명)을 차지할 전망이다. 여기에다 군 입대자 가운데는 다문화 가정 출신을 굳이 밝히지 않은 경우도 많아 실제 다문화 가정 출신 입대자는 더 많을 것으로 보인다.

국방부는 '군인복무규율'을 개정해 2012년 2월부터 시행하고 있다. 개정안에서 주목을 받은 대목은 "임관(입영) 선서문의 '민족' 용어를 현실과 시대적 흐름을 감안해 '국민'으로 개정한다"는 부분이었다. 이는 한마디로 다문화 시대를 맞아 충성 대상을 '민족'에서 '국민'으로 바꾼 것이다. 국방부는 임관(입영) 선서를 할 때 국군의 이념과 사명에 부합되는 선서를 실시하고, 한국 국적의 다문화 가정 등의 대한민국 국민으로서의 공감대 증대가 가능하다는 점을 강조하고 있다.

나아가서 군은 우리 국민이 된 북한 이탈 주민 가운데 젊은 층이 입대하는 상황도 대비하고 있다. 북한을 이탈한 청소년의 군 입대를 허용하는 방안도 추진하고 있는 것이다. 아직까지 현행 병역법은 한국에 정착한 탈북 주민 가정에서 태어난 자녀는 군 입대를 할 수 있지만 탈북 청소년은 병역의무가 면제돼 있다. 그러나 이제는 입영 연령이 되는 북한 출신 청소년 모두에게 군 복무를 허용해야 하는 시점이 됐다.

다문화 장병들은 군이 평화유지군 등으로 해외 파병을 할 때 '한국 홍보 대사'의 역할을 할 수 있다. 부대 내에서는 튀는 외모가 해외파병 지에서는 현지인들에게 친근감을 줄 수 있는 장점이 될 수 있다. 또 아버지나 어머니의 출신 국가에 파병됐을 때는 현지인과의 가교 역할도 할 수 있다는 게 군 당국의 판단이다.

이제 국가를 지키는 데는 '국민'이란 공통 의식이 '민족'이란 협소한 개념보다 더 효과적인 시대이다.

다문화 가정 출신 장병들

학교보다 규율이 엄격하고 스트레스가 많은 병영 내에서 다문화 가정 출신 장병들은 다른 병사들의 집단 따돌림, 소위 '왕따' 대상이 될 가능성이 상대적으로 높다. 이 경우 자칫 일탈 행위로 이어질 수 있다. 총기

이라크 아르빌에서 자이툰 부대가 의장대 시범을 보이고 있다. 머잖아 다문화 장병들이 해외파병 되어 한국 홍보 대사 역할을 할 수도 있을 것이다.

를 다루는 군의 특성상 이런 문제에 대해서는 특별하고도 철저한 대비가 필요하다.

그렇다고 다문화 가정 출신 장병에 차별화된 관심과 교육을 실시하는 것은 또 다른 부작용을 나을 수 있다. 군의 다문화 정책 핵심도 이들을 차별 대우하지 않겠다는 것이다.

군도 초기에는 어쩔 수 없는 측면이 있지만 이제는 다문화 가정 출신 병사들의 신상을 공개하지 않는 방향으로 가고 있다. 조사 결과 대부분 다문화 장병은 자신들에게 관심이 쏠리는 것을 원치 않는 것으로 나오고 있다. 한국에서 태어나고 자랐기 때문에 스스로 '다문화'라는 인식 자체가 없는 경우도 많다. 이런 대상자들에게는 '다문화 병사'로 따로 분류하는 것은 또 다른 차별이 된다. 나아가서 다문화 가정 출신 장병의 수치조차 발표할 필요가 없는 시대가 올 것이다.

지휘관들은 통일 이후의 북한 청소년들이 한국군에 입대하는 시대에 대해서도 대비해야 한다. 브란덴부르크 문이 열리면서 동독 체제가 무너져버린 독일의 예를 보면 한반도에서도 언제 어느 시점에 통일이 갑작스럽게 닥칠지 모른다.

이때가 되면 북한 청소년들은 자연스럽게 한국군으로 입대할 수밖에 없다. 사회주의 교육을 받고 자란 이들은 또 다른 다문화 가정 출신 장병들이다. 이들은 사회주의에 익숙해 인종이 다른 자본주의 국가 출신들보다 오히려 남한 출신 장병들과 문화 충돌 가능성이 높다. 그런 만큼 지휘관들이 이들을 통솔하는 데 있어서 통일 동독의 사례를 원용하는 등의 대책이 필요할 것이다.

다문화 시대의 국적 문제

지금은 고인이 된 최영의라는 사람이 있었다. 방학기의 만화 〈바람의 파이터〉의 주인공으로 등장했던 그는 재일교포 출신 무도인으로 일본 이름은 오오야마 마스다쓰(太山倍達)다. 1970년대 소년 시절을 보냈던 사람이라면 고우영 씨의 만화를 통해 '최배달'이라는 이름으로 기억하고 있을 것이다.

그는 젊어서 52마리의 황소와 맨손으로 격투했고 이 과정에서 26개의 쇠뿔을 뽑고 소 3마리를 즉사시켰다. 나중에는 일본에서 실전 가라테인 극진가라테를 창립, 총재 자리에 올랐고 전 세계에 극진가라테를 보급했다. 한국의 국기인 태권도가 전 세계에 널리 퍼지게 된 데는 최영의 선생의 도움이 매우 컸다는 말을 전직 세계태권도연맹 고위 관계자한테 들은 바 있다.

선생은 조국을 사랑하는 마음에 이미 전 세계에 나름대로 기반을 가진 극진가라테의 세계 각국 지부장들로 하여금 태권도 보급을 방해하지 말라고 지시했다는 것이다. 만약 극진가라테가 태권도 보급을 방해했다면 태권도의 세계 보급은 상당한 어려움에 봉착했을 것이라는 설명이었다.

최영의 총재 생전에 극진가라테 세계선수권대회에 초청받아 자리를 함께 한 적이 있다. 그는 자신이 일본 국적으로 귀화했지만 자신이 배달민족임을 잊지 않기 위해 일본 이름에 '배달'이라는 한자를 넣었다고 했다. '오오야마(大山) 배달' 선생을 떠올리면서 세계화 시대의 국적 문제를 다시 한 번 생각해 봤다. 미국 국적자에게도 모국의 국적을 인정해 주는 나라는 30개국이 넘는다. 이유는 간단하다. 계산기를 두드려 보니 자국에 이익이 되기 때문이다. 특히 이스라엘과 미국은 시민권을 잃지 않고 군대 복무까지 하는 특별한 관계다.

아직까지 국방부는 이중국적을 가진 사람에게는 장교나 부사관 임용을 허용하지 않는다. 군 간부는 군사기밀을 취급하는 직책이 많기 때문이라는 게 그 이유다. 구체적으로는 이중국적을 지닌 자가 외국과 이해관계에 상충하는 국가 안보 및 기밀과 관련된 업무를 수행하는 것은 부적절하다는 판단에서 나온 조치다.

세계는 바야흐로 '이중국적'을 넘어 '다중국적' 시대에 들어서 있다. 그런 만큼 앞으로는 국가의 필요에 의해서 특수한 임무를 맡기기 위해 이중국적 장교를 배출하는 시대가 올지도 모른다.

한국군의 문화 · 종교 · 스포츠

군인과 군복

언제부터인가 군부대 밖에서 군복을 입은 군인을 보기가 힘들어졌다. 그러나 '출퇴근이나 외출은 사복으로 해야 한다'는 규정이 있다는 얘기는 들어보지 못했다. 일각에서는 정부가 88올림픽을 앞두고 군복 입은 군인들이 외국인 눈에 띄지 않도록 하기 위해 서울 시내에서는 사복을 입게 한 뒤부터 이런 현상이 생긴 게 아니냐는 해석을 내놓기도 한다.

세계 어느 나라도 군인이 군복을 입지 못하거나 신분을 감추기 위해 사복을 입고 돌아다니는 경우는 없다. 심지어 아프리카의 후진국을 가보더라도 그런 나라는 없다. 미 국방부(펜타곤) 근처에서는 군복 입은 장성들도 쉽게 볼 수 있다.

남재준 장군(육사 25기)은 육군참모총장 시절 "옛날에는 생도 제복이 멋있어서 사관학교에 왔다고 했는데 요새는 밖에 나갈 때면 사복부터 입는다고 한다"며 "이는 제복 자체를 의식하든 안 하든 부끄럽게 생각하는 것으로 그런 정신 상태에서 명예심이나 희생정신이 나올 수 없다"고 지적했다. 그러면서 자신은 위관 장교 시절 술집에 가더라도 사복을 입은 적이 없었고, 서울 시내에 모처럼 나와 친구들과 무교동 낙지 집을 가도 군복을 자랑스럽게 입고 다녔고, 사람들이 음식을 더 갖다 주기도 했다고 말했다.

내가 아는 서울 경기고 출신 예비역 해군 대령도 "고교 시절 경주로 수학여행 갔을 때 본 해군 사관생도의 제복이 너무 멋있어 보여 해군사관학교를 지원했다"고 말한 적이 있다.

경조사 때도 어떤 유명 인사가 보낸 것보다 군인이 보낸 화환이나 난이 대접받는다. 마찬가지로 군복을 입은 군인이 나타났을 때 다른 어떤 하객이나 조문객보다 각별한 예우를 받는 것도 보았다. 나 역시 장군이 보낸 축하 난을 받은 적이 있다. 이 가운데 '합동참모본부 전비 태세 검열 실장 해병 소장 ○○○' 이름으로 보내 온 난은 명칭이 워낙 거창하고 길었던 까닭도 있었지만 최고 '히트' 였다.

군복은 명예를 의미한다. 그런 만큼 자부심을 가질 필요가 있다. 사회에서도 밀리터리 룩 등 군복 풍의 옷차림이 유행이다.

규격화된 획일성 등으로 비춰지는 군대 문화가 부정적인 것만은 아니다. 획일성은 개개인의 개성을 살리면서 일체감을 형성할 수 있는 통일성으로도 승화될 수 있다. 전역하면서 가지고 나온 예비군복을 일상복의 하나로 스스럼없이 입는 것도 보기 좋다. 군대가 일반 사회와 완전히 격리된 공동체만은 아니기 때문이다. 오히려 군이 자연스러운 사회의 한 부분임을 인지할 수 있게 해줄 것으로 본다.

물론 예비군복만 입으면 교수도 공무원도 아무 데서나 오줌을 누는 '개' 가 된다는 속설(?)이 있기는 하지만 '구더기 무서워 장 못 담그랴' 는 속담도 있지 않은가. 또 미국처럼 군복을 입은 예비역 대장한테 자서전사인을 받고자 독자들이 줄을 길게 설 날도 멀지 않은 것 같다.

군인 선생님을 아시나요

대도시에 사는 일반 국민들은 잘 모르지만, 전국 방방곡곡에는 '군인 선생님'들이 있다. 북쪽 최전방 지역의 상비사단에서부터 제주도의 제주방어사령부까지 없는 곳이 없다. 군인 선생님들이 속한 군부대도 육·해·공·해병대를 가리지 않고 골고루 포진해 있다.

군인 선생님들은 주로 입대 전 외국에서 유학했거나 명문대에 다녔던 장병들이다. 이들은 사교육이 절대적으로 부족한 전방 지역이나 산간 오지에서 방과 후 학습 지원에 나서고 있다. 강원도 양구에서는 군부대와 교육 단체가 교육 기부 활성화를 위한 업무 협약을 체결하기도 했다.

전방 지역이나 산간 오지에는 대도시에는 흔한 학원 하나 없다. 학생들도 교통 여건상 시내 진입이 어렵다. 그렇다 보니 어린 학생들이 대도시 학생들처럼 추가적인 학습을 할 기회를 갖기가 어렵다.

이처럼 학습 여건이 열악한 오지의 학생들에게 군인 선생님은 '가뭄에 단비'와 같은 존재들이다. 학교의 주5일제 수업 실시 이후에는 더욱 그렇다. 이들은 주중에 매일 한두 시간씩 또는 주말에 몇 시간씩 영어·수학·과학·컴퓨터 등을 가르친다. 지역에 따라서는 미술과 음악 지도까지 해주고 있다고 한다. 군인 선생님의 방과 후 수업 전통이 10년이 다 되는 곳도 있다. 선생님 역할을 하는 장병들 입장에서도 국토방위뿐만 아니라 봉사의 기쁨을 얻는다는 점에서 일거양득이다.

군인 선생님 얘기를 하다 보니 맹자 어머니가 아들의 교육을 위해 이사를 세 번 했다는 '맹모삼천지교'가 생각난다. 특정 부대의 군인 선생님이 잘 가르치기로 유명해지다 보면 대도시 학생들까지 그쪽 지역으로 이사 오는 것 아닌가 하는 엉뚱한 상상이 떠올라서다.

한 발짝 더 나아가서 군에서 '군인 선생님 경진대회'(가칭) 같은 것도 있으면 어떨까 싶다. 군인 선생님의 노력으로 학과 성적에서 가장 많은 개선이 이뤄졌다거나 어려운 환경의 학생들이 특별히 삶의 활력소를 찾는 새로운 계기를 마련했다든지 했다면 해당 장병에게 포상을 주는 식으로 말이다.

군인 선생님들의 재능 기부를 좀 더 효율적으로 활용하기 위해서는 지역 자치단체들의 협조도 필요하다. 자치단체는 교육장소와 학생들의 이동 편의를 제공할 수 있을 것이다. 교육 자재 지원도 할 수 있다. 이런 것들이야말로 또 하나의 민·관·군 일체로 볼 수 있다.

어쨌든 군인 선생님들이 어린 학생들을 지도하는 것은 진정한 재능 기부라고 할 수 있다. 한창 감수성이 예민한 10대 학생들에게 친오빠나 친형 같은 친근감까지 주는 군인 선생님들의 학습 지도는 효과도 크다고 한다.

장병들의 재능 기부는 군과 민간의 가교 역할을 톡톡히 하고 있다. 또 국민들에게 군이라는 조직의 딱딱한 이미지를 털어내기에도 안성맞춤이다.

주스와 와인

군은 의전에 매우 신경을 쓰는 조직이다. 시쳇말로 '폼생폼사'(폼에 살고 폼에 죽는다)라고 해도 틀린 말은 아니다. 이 '폼생폼사'로 인해 입맛만 다신 적이 있다. 언젠가 육군 부대를 방문했을 때의 일이다.

점심 식사 시간이 되자 식당의 테이블 위에는 손잡이가 달린 근사한 유리병이 나왔다. 유리병 안에는 보랏빛 액체가 담겨 있었다. 게다가 바로 앞에는 와인 잔이 놓여 있었다.

당연히 유리병 안에 담긴 보랏빛 액체는 와인일 것이라 여기고 입술을 댔는데 맛이 이상했다. '이게 뭐지' 하고 다시 맛을 보니 포도 주스였다. 포도 주스를 와인 잔에 따라 마신 것이다.

왜 포도 주스를 와인 잔에 마시는지를 부대 지휘관에게 물었다. 그랬더니 돌아온 답이 "보기도 좋고, 여러 사람이 원하는 만큼 따라 마실 수가 있어 좋다"는 것이었다. 그리고 와인 잔은 특별히 외부에서 온 손님 접대 차원에서 일반 물컵 대신 내놓았다고 말했다.

개인적으로 와인은 좋아해도 포도 주스는 별로 좋아하지 않는지라 입맛만 쩝쩝 다셔야 했다.

그런데 포도 주스를 유리병에 넣은 후 마셨다가 '봉변'을 당한 지휘관도 있었다. 연대장 취임 1주년을 기념하여 간부들을 격려할 목적으로 회식을 준비하도록 했다가 북의 연평도 포격 도발로 회식을 취소했다가 일어난 일이었다. 회식은 이미 취소됐지만 저녁 시간이 되자 교대로 식사를 하던 간부들이 이미 준비되었던 회를 나누어 먹으면서 유리병 속에 담긴 '보랏빛 액체'를 마신 것이 문제가 됐다. 포도 주스 마신 것을 생선

회와 함께 와인을 마신 것으로 외부에 잘못 알려진 탓이었다. 나중에 오해가 풀리긴 했지만 지휘관 입장에서는 사실 어처구니없는 일이었다.

그나저나 문화적 차이가 주는 이미지도 꽤 큰 것 같다. 2차 세계대전 다큐멘터리 같은 데 나오는 독일 롬멜 장군의 식탁에는 와인이 보인다. 부하들은 전선에서 목숨을 걸고 전투를 치르고 있는 와중임에도 불구하고 그것이 자연스럽게 보인다. 같은 시각이라면 한국군 장군의 식탁에 와인이 있다 해도 이상하게 여길 필요가 없지 않을까 싶다.

사라지는 '군용 추억' 들

최전방 비포장도로에서 희뿌연 먼지를 날리며 잔뜩 찌푸린 표정의 장병들을 수송하던 군용 트럭의 모습이 사라졌다. 육군이 모든 야전 부대 보병대대급에 25인승 중형 버스를 보급했기 때문이다. 과거에는 신병 자대 배치나 병원 진료, 외출, 외박 등 병력 수송이 필요할 경우 군용 트럭을 이용했다. 장병들은 영하 20~30도가 넘는 눈보라치는 추운 겨울철에도, 흙먼지에 뒤범벅이 되는 여름철에도 휴가를 나가기 위해서는 트럭을 타고가야 했다. 이제는 휴가 장병들은 K-POP을 들으면서 편안하게 목적지로 갈 수 있다.

공군의 명물 '버럭' (버스+트럭)도 추억 속으로 사라지고 있다. 공군 관제 부대나 방공포병부대에 복무한 장병들이라면 아쉬워할 일이다.

버럭이 사라진 자리에는 버럭 대신 특수 고안된 '산악용 진중 버스' (일명 산악 버스)가 대신 했다. 공군은 2016년까지 전국에 산재한 22개 관제

부대와 방공포대에 부대별로 1, 2대씩 모두 30대를 순차적으로 도입해
기존의 '버럭' 45대를 완전히 대체할 예정이다.

그동안 해발 1천 미터가 넘는 고산지대에 위치한 관제부대와 방공포병
부대에 근무하는 장병들은 매일 산 아래 주둔지에서 산 정상에 있는 근
무지까지 트럭을 개조해 만든 간이 버스를 타고 근무 교대를 했다. 군용
트럭에 좌석을 장착한 20인승 간이 버스 형태로 개발된 '버럭'은 1974
년 처음 운행을 시작해 30년 넘게 고지대를 오가는 공군 장병들의 소중
한 발이 되어주었다.

하지만 작은 트럭을 개조해 만들다 보니 실내 공간이 비좁고, 울퉁불퉁
한 비포장도로를 달리다보면 엉덩이에 불이 나기 일쑤였다. 냉방장치도
없어 무더운 여름날 한번 타고 내리면 전투복은 땀범벅이 됐다.

더욱이 경사가 가파른 산악 지형을 운행하다 보면 노면 상태가 불량해
이동 시간이 오래 걸리고 장병들의 안전에도 늘 부담으로 작용했다.

8.5톤 트럭을 버스 형태로 개조한 '산악용 진중 버스'는 에어컨과 출입
문 자동 개폐 장치, 미끄럼 방지 제동장치(ABS), 후방 감시 카메라 등까지
장착했다. 4륜구동으로 기존 간이 버스에 비해 출력이 183마력에서 320

마력으로 크게 향상됐다. 20명만 타도 비좁던 실내 공간은 25명이 앉아도 여유 있을 정도로 넓어졌다.

이 같은 버스 대체는 작전이라는 측면에서 보면 작전 요원을 수송할 때 이동 시간을 줄여주는 이점도 있다.

국방부 컬렉션

일반인들에게는 잘 알려져 있지 않았지만 군에는 대작 미술품들이 많다. 당장 국방부 신청사 1층 현관 정면에는 운보 김기창 화백(1914~2001)의 '적영'(敵影, 적의 그림자라는 뜻)이란 그림이 걸려 있다.

이 작품의 크기는 가로 2m, 세로 3m로 한국군 전투 부대 파병 이후 가장 치열했던 전투로 기록된 베트남 638고지(일명 안케 고개) 전투를 묘사한 작품이다. 밀림을 뚫고 포복하면서 전진하는 그림 속 맹호부대 장병들의 눈은 지금도 번뜩이고 있다. 그림 문외한이 봐도 눈에서 뿜어져 나오는 소위 '안광'이 일품이다. 운보는 1972년 6월 14일부터 7월 4일까지 베트남을 방문한 후 월남전 기록화전에 이 그림을 출품했다.

6·25 당시 피난민을 그린 박항섭 화백의 작품 '대동강 철교를 건너는 평양 피난민'은 크기 자체가 매우 큰 작품이다. 관제엽서 한 장이 1호라는 것을 감안하면, 가로 길이보다 상대적으로 짧은 이 작품의 세로 길이가 성인 남자의 키보다 긴 것으로 미뤄 족히 200호는 넘지 않나 싶다. 이 그림은 국방부 구청사 복도 막다른 벽면을 가득 채우고 있다.

박 화백이 1967년 6월에 그렸다는 이 작품은 1·4후퇴 당시 가족을 북에 둔 채 본인만 남하한 데 대한 죄책감을 표출한 그림이라고 한다. 그림 옆에 붙어 있는 작품 설명에도 작가의 그리움과 속죄의 눈빛이 담겨 있다고 적혀 있다. 박항섭 화백(1923~1979)은 황해도 장연 출신으로 한국 근현대 서양화 1세대 작가이다. 동경 가와바타 화학교를 1943년 졸업했고 대한민국 미술대전 심사위원과 중앙미술대전 운영위원 지냈다.

그는 인간의 내면을 읽어내는 깊이 등이 돋보이는 추상화로 한국 미술사에 이름을 올린 작가라고 한다. 또 그에게는 고향이란 늘 그리운 곳이요. 예술적 모티브였다는 게 미술계의 평가다.

국방부에는 천경자 화백의 1972년도 작품인 '꽃과 병사와 포성'도 있다. 이 외에도 유명 화가의 작품들이 꽤 있는 것으로 알려졌다. 과거 유명 화가들이 군을 묘사한 작품을 국무위원들 차원에서 구입해 전달했거나, 유력 인사들이 소장하던 작품을 기증한 것들이다.

공군은 일찌감치 소장하고 있는 미술품 880여 점을 체계적으로 전산 관리하는 한편 작품 하나하나를 인트라넷에 올려놓았다. 대표적인 것이 베트남전에서 F-4 팬텀기 편대가 공대지 작전을 하는 모습을 묘사한 운보의 1972년 작품 '초연'이다. 이 그림은 김종필 전 총리가 1972년 공군 11전투비행단에 기증한 작품으로 추정 가격이 4, 5억 원 정도라고 한다.

공군은 상당한 세월을 거치면서 상태가 나빠진 이 작품을 국립현대미술관에 의뢰해 6개월간의 복원 작업을 거쳤고 지금은 공군사관학교 본관에 전시하고 있다. 공군은 작품의 분실 및 훼손, 도난 등을 우려해 본부 물자과에서 미술품 전산 관리 체계를 개발해 관리하고 있다.

군대와 스포츠맨

미국 메이저리그에서 맹활약하고 있는 추신수 선수는 광저우 아시안게임 야구 종목에서 금메달을 목에 걸면서 병역 특례 혜택까지 받았다. 추신수 선수로서는 금메달 하나로 그야말로 명예도 얻고 천문학적 연봉의 실리도 챙겼다.

그러나 나라를 잃은 국가의 스포츠 금메달리스트는 상황이 달랐다. 세월을 거슬러 때는 1936년 8월 9일. 일제 치하에서 양정고보 5년생 손기정은 베를린 올림픽 마라톤에서 금메달을 따고도 일본 국가가 연주되자 시상식에서 고개를 떨구고 있었다.

그로부터 16일 뒤 〈동아일보〉의 일장기 말소 사건이 일어난다. 이 일장기 말소 사실을 제일 먼저 알아챈 곳은 일본군이었다. 서울 용산에 주둔하고 있던 일본군 제20사단 사령부는 당일 오후 4시쯤 배달된 〈동아일보〉에 실린 손기정의 사진에서 일장기가 지워져 있음을 발견하고 조선총독부에 즉각 통보했다. 조선총독 미나미 지로(南次郎)는 책상을 치며 격노했지만 신문은 이미 태반이 발송과 배달이 끝난 상태였다.

손기정은 나라를 잃은 탓에 올림픽 금메달을 따고도 회한의 눈물을 흘려야 했고, 그의 가슴에서 일장기를 지운 신문은 일본 군부의 핍박을 받아야 했다.

그러나 추신수는 금메달을 목에 걸고 기쁨의 눈물을 흘리면서 메이저리거로서 꿈을 더욱 활짝 피우게 됐다.

군인 정신이 우승으로 이어진 사례도 있다. 권투 선수 홍수환은 1974년 7월 15일 남아공에서 벌어진 WBA 밴텀급 타이틀 매치에서 아놀드

테일러를 꺾고 세계 챔피언에 오른다. "엄마! 나 챔피언 먹었어!"라고 했던 그는 승리의 소감으로 "(세계 챔피언에 오르게 된 것은) 첫째도 군인 정신, 둘째도 군인 정신 덕분입니다"라고 말을 한다. 당시 홍수환은 국군수도경비사령부(수도방위사령부의 전신) 제5헌병대대 본부중대 소속 일병이었다. 그의 군인 정신의 강조는 현역 군인 신분이기 때문에 나온 소감이었겠지만 어찌 됐든 군대의 자긍심을 높여주는 발언이었다. 홍수환 선수는 중장년의 나이가 되고 나서도 군부대 강연에 자주 나섰고, "쓰러지더라도 한 방이 당신에게 있다. 위기를 기회로 활용하라"며 자신의 현역 시절 때와 같은 군인 정신을 강조하고 있다.

수류탄 던지기도 스포츠

지금은 사라진 지 오래됐지만 중고교 시절 체육 시간에 '수류탄 던지기'라는 종목이 있었다. 1970년대 학창 시절에는 체력장 시험 과목 중 하나였기 때문에 고무로 만든 수류탄 모형을 멀리 던지려고 꽤나 애썼던 기억이 난다. 잡는 방법에 따라 비거리가 달라진다며 급우들끼리 나름대로의 비결을 전수했지만 전통적인 방법으로 수류탄을 쥐는 것이 가장 효과적이었던 기억도 난다.

아스라한 추억의 파편으로만 남아 있던 수류탄 던지기가 갑자기 머릿속에서 떠오른 것은 국군 체육부대가 제공한 세계 군인체육대회 보도 자료를 보고 나서이다.

국제군인스포츠연맹으로도 불리는 국제군인스포츠위원회(CISM)는 매년 종목별로 선수권대회를 개최한다. CISM은 제2차 세계대전 중이던 1948년 프랑스 니스에서 벨기에, 덴마크, 프랑스, 네덜란드, 룩셈부르크가 참가해 결성했다. CISM은 스포츠를 통한 세계 군인들 간의 우의 증진과 세계 평화에 기여를 도모하는 단체다. 현재 회원국만 133개국에 달하고 우리나라는 1957년에 가입했다. 북한도 1993년에 가입해 가끔 CISM 대회에서 남북 군인 간 스포츠 대결을 벌이기도 한다.

CISM은 4년마다 한 차례씩 종합 대회를 개최한다. 우리나라는 1999년 크로아티아 자그레브에서 열린 제2회 대회에 참가해 5위를 했던 게 가장 좋은 성적이다. 당시 한국 팀은 시차 적응 훈련을 한다면서 크로아티아 현지로 출국하기 한 달 전부터 일주일 동안 새벽 3시에 잠자리에 들고 낮 12시에 일어나는 유난스러운 훈련을 해 언론에 소개되기도 했다.

CISM의 경기 종목은 26종목에 달한다. 특이한 것은 다른 민간인 스포츠 대회에서는 볼 수 없는 5개의 군사 종목이다. '철인 5종'과 비슷한 개념의 육군 5종, 해군 5종, 공군 5종, 고공 강하, 독도법 등이 그것들이다.

육군 5종은 참가 선수가 수류탄 투척과 수영, 장애물, 사격, 야지 횡단 등을 차례로 해내야 한다. 해군 5종은 구명 수영, 실용 수영, 장애물, 수륙 횡단, 함상 기술 등으로 이뤄졌고, 공군 5종은 사격, 수영, 펜싱, 구기, 탈출 등으로 구성됐다. 이해를 돕기 위해 설명한다면 '구기'는 농구의 자유투로 정확도를 측정하는 종목이고, '탈출'은 독도법을 활용해 장애물을 돌파하는 스포츠다. 이 가운데 육군 5종 경기의 한 부분인 수류탄 던지기는 한때 우리나라 중·고교생들에게도 익숙한 종목이었던 셈이다.

한국군의 체력

군에서 체력 검정 시즌만 되면 일선 부대마다 체력 단련에 나선 장교들로 연병장이 매일 만원사례를 이룬다. 체력 검정 결과를 근무평정 점수에 반영, 진급과 연계시키기 때문이다.

한국군에게 요구되는 기본적인 체력 기준은 어느 정도인가. 이것은 군 체력 검정 기준을 보면 알 수 있다. 한국군의 체력 검정은 오래달리기와 팔굽혀펴기, 윗몸일으키기 등 3종목으로 치러진다.

오래달리기는 종전 1.5km에서 3km로 달리는 구간이 두 배나 늘었다. 1.5km 달리기는 상대적으로 속도가 중요하지만 3km 달리기는 심폐기능을 포함한 전신 지구력이 필요하다. 군인에게는 빠른 스피드보다는 전신 지구력이 더 필요하다는 이유로 2010년부터 거리가 늘어났다.

다른 나라 군대도 예외 없이 오래달리기를 체력 검정 종목으로 채택하고 있다. 프랑스군이 7km 달리기로 가장 먼 거리를 달려야 한다. 영국군은 4.8km, 미군 3.2km, 러시아군 3km, 브라질군 2.5km, 중국군 1.5km, 일본군 1.5km 등이다. 독일군은 특이하게 12분 동안 달린 거리를 측정한다.

팔굽혀펴기 종목에서는 36~40세 기준으로 한국군 남군이 41개로 미군의 34개보다 7개 많다. 여군은 18개로 미군의 13개보다 5개가 많다. 윗몸일으키기 역시 같은 기준으로 한국군 남군이 48개로 미군의 38개 보다 10개가 더 많다.

북한군은 턱걸이와 100m 달리기, 제자리 멀리 뛰기, 1.5km 달리기 등 4종목으로 체력검정을 실시한다. 군은 체력검정 현장에 감찰 요원과 헌병까지 배치해 공정성을 감시한다.

일부 종목의 합격 기준이 미군보다 높아진 체력 검정 강화는 2010년 4월부터 김태영 당시 장관의 지시로 이뤄졌다. 군인의 1차 조건은 체력이라는 김 전 장관의 지론이 작용한 결과였다.

친구가 육군사관학교 원서를 낼 때 따라갔다가 우연히 같이 내게 된 것을 계기로 육사에 입학했던 김 전 장관은 생도 시절 달리기에서 항상 뒤처졌다고 한다. 그는 이를 극복하기 위해 매일 뛰는 것을 반복해 졸업 무렵에는 거의 마라토너 수준이 됐다. 그는 현역 시절에도 매일 연병장을 뛰거나 부대 체력 단련장의 트레드밀에서 뛰는 것을 거르지 않았다.

한국군의 종교

병영에서는 주말에 종교 시설이 인기다. 군인은 생사관이 뚜렷해야 하는 만큼 군 당국도 장병들의 종교 활동을 장려하고 있다.

군종 목사님이나 군종 스님, 군종 신부님, 군종 법사님에게도 계급은 있다. 하지만 대부분 지휘관들은 군종 장교들에게는 계급보다는 신부님이나 목사님으로 호칭한다. 군종병과의 최고 책임자의 계급은 대령이다.

천주교, 불교, 개신교, 원불교 등 4대 종교는 신자의 증가세가 주춤하고 젊은 세대의 외면 현상이 두드러지고 있는 현실을 감안해 군 선교에 매우 적극적이다. 군 선교는 종단의 미래를 떠받칠 젊은 신자를 확보할 수 있고 집중적인 선교를 할 수 있기 때문이다. 각 종교마다 군부대 내의 시설을 확충하고 선교 기법을 현대화하는 데 부쩍 신경 쓰는 이유가 여기에 있다.

군 사찰에서는 스님의 딱딱한 법문을 들려주는 법회 대신 현대 감각에 맞는 동영상이나 첨단 시청각 기기를 활용한 법회가 기본이다. 군 교회에서는 1,200개 부대에 커피, 율무차, 핫초코 등 따뜻한 차를 공급하는 사랑의 온차 사업을 20년 넘게 계속하면서 간식도 초코파이 일변도에서 피자, 햄버거, 떡볶이, 자장면 등으로 다변화한 지 오래됐다.

개신교는 여대생들이 크리스마스 같은 기념일에는 간식을 들고 와 젊은 병사들에게 기타 치며 노래를 불러줘 인기다. 여대생들은 군 교회와 자매결연한 인근 민간 교회 청년부 신자들이 대부분이다.

종교 시설도 대규모다. 논산 육군훈련소 내에는 3,500명을 수용할 수 있는 국내 최대 규모 법당을 갖춘 호국연무사가 있다. 공사비만 120억 원이 들었다. 논산 육군훈련소에는 각각 5천 명을 수용할 수 있는 교회와 김대건 성당도 있다.

군내 종교 활동의 선두 주자는 개신교다. 개신교계는 1952년부터 가장 먼저 군종 제도를 시작해 전국 군부대에서 1천 곳이 넘는 군인 교회를 운영하고 있다. 군종 목사만 해도 270여 명 정도 된다. 개신교는 한국기독교 군선교연합회란 조직도 운영하고 있다.

천주교 군종 교구는 연간 세례를 받는 인원만 해도 천주교 전체 세례자 수의 5분의 1에 달할 정도로 비중 있는 교구다.

원불교는 다른 3개 종교보다 늦은 2006년에 군종 장교를 파견할 수 있는 종교로 지정됐지만 3군 사령부가 있는 계룡대에 교당을 만드는 등 활발한 활동을 하고 있다.

제3의 전쟁

미디어 전쟁

제정 러시아 시대에 '포템킨 마을'(Potemkin villiange)이라고 곳이 있었다. 외국 인사들에게 보여주기 위한 일종의 가짜 마을이었다.

1787년 러시아의 예카테리나 여제는 새로 합병한 크림 반도로 시찰을 갔다. 당시 그 지역 지사인 그레고리 포템킨은 빈곤하고 누추한 마을 모습을 감추기 위해 가짜 마을을 만들어 훌륭하게 개발된 것처럼 눈속임을 했다. 이후 '포템킨 마을'은 실상을 속이고 겉만 번지르르한 것을 가리키거나 임시방편인 것을 지적할 때의 용어로 사용되고 있다.

지구 곳곳에서 벌어지고 있는 국가 간 또는 민족 간 충돌을 보노라면 뉴미디어가 '포템킨 마을' 수준까지는 아니지만 전쟁의 합리화 등의 목적을 위해 교묘하게 이용되고 있음을 목격할 수 있다.

아프간전 당시 미군은 CNN 등의 TV 뉴스를 통해 미 육군 레인저스(Rangers)가 아프가니스탄 칸다하르 남서쪽 95km 지점의 공군기지로 낙하산 침투하는 장면을 생생하게 공개했다. 화면에는 낟알 크기의 초록 점으로 빛나는 특공대원들과 파도처럼 움직이는 낙하산들이 가득했다.

미국 시청자들의 가슴을 뭉클하게 했던 이 낙하산 침투는 TV 방송

196

용으로 연출한 작전이었음이 나중에 밝혀졌다. 미 육군 패스파인더
(Pathfinder) 팀이 레인저스에 앞서 미리 탈레반의 공군기지에 침투한 후
탈레반 군이 없다는 것을 확인한 후 레인저스 대원들을 투입시키면서 야
간 투시 장비를 이용해 낙하 장면을 촬영했던 것이다.

　하루도 빠짐없이 전 세계 어디에선가 전쟁을 하고 있다는 미군은 군사
작전에서 영상 미디어가 얼마나 중요한지 가장 잘 이해하는 집단이다.
미군은 지금도 작전을 벌이고 있는 곳이라면 나라를 가리지 않고 공중에
실시간 영상 중계를 위한 무인 정찰기를 끊임없이 띄우고 있다.

　어떤 의미에서 현대전은 화력 못지않게 미디어에 의존하는 새로운 양
상을 보인다. 21세기 전쟁에서는 전장의 전투 장면이 TV로 생중계되면
서 전황에 큰 영향을 미치게 됐다. 일종의 '미디어 전쟁'이다. 우리 군도
영상미디어를 효과적으로 활용하는 사례가 많아졌다. 저녁 뉴스를 통해
소개된 청해부대의 소말리아 해적 소탕 작전도 그런 사례 중 하나다.

　그러나 영상미디어는 '정보 왜곡'이라는 부작용을 가져올 가능성이 있
다. TV에서 본 장면은 아무리 현실감이 있다 해도 '2차 세계'지 결코 '1
차 세계'는 아니기 때문이다. 또 실제 전투에서는 승리하고도 영상미디
어를 이용한 사이버 세계의 선전전(propaganda war)에서 패배해 아군의
사기는 떨어지고 적군의 사기는 높아질 수 있다. 그만큼 영상미디어는
'양날의 칼'이다. 어떤 목적과 의도가 개입되느냐에 따라 그 결과는 천양
지차로 벌어질 수 있기 때문이다.

　특히 특정 목적의 여론 형성을 위한 도구로 사용될 경우 또 하나의 '포
템킨 마을'이 될 수 있다. 북한 같은 폐쇄적 국가가 대표적이다.

우리 군도 선전전에서 승리하고 적군의 책략에 말려들지 않기 위해서라도 미디어 전쟁에 대비한 연구를 본격적으로 실시할 때가 됐다.

담배와의 전쟁

이제 군에서도 흡연자들이 설 땅이 자꾸 줄어들고 있다. 일선 부대에서는 '금연 펀드'가 등장하는 등 군에서 '담배와의 전쟁'을 선포한 것처럼 느껴질 만큼 대단하다. 공군은 니코틴 의존 장병의 금단증상이나 스트레스 관리를 위해 각 부대별로 금연 상담 홈페이지를 개설하고, 금연 클리닉 운영도 활성화하고 있다. 심지어 장병 흡연율을 2015년까지 20퍼센트 이하로 낮추겠다는 목표치도 내놓았다. 이는 담배를 꼬나문 모습을 멋으로 여기던 생활 문화가 점차 사라지고 있다는 의미다.

이제는 정부 청사와 의료 기관 등이 '절대 금연 시설'로 지정돼 실내 흡연이 완전 금지됐다. 심지어 일정 규모 이상의 음식점과 술집에서도 금연이다.

하지만 담배 회사의 도전은 여전히 만만치 않다. 거대한 다국적 담배 회사들이 펼치는 판촉 활동은 마치 아편전쟁을 연상시킨다.

이들은 유행처럼 번지는 담배 소송에서 천문학적 배상액이 제기돼도 끄떡하지 않는다. 미국을 비롯한 선진국에서는 담배 소비량이 줄어도 세계 인구의 60퍼센트가 모여 사는 아시아와 같은 황금 시장에서 흡연율을 높일 수 있다는 자신감에서다. 또 많은 중년이 담배를 끊어도 10대 청소년들과 여성들에게 담배를 물릴 수 있다는 배짱에서다.

10대들은 1년에 100만 명씩 새로 담배를 피운다는 통계도 나와 있다. 담배가 다이어트에 효과적이라는 잘못된 상식에 사로잡힌 젊은 여성도 상당수다.

판촉의 표적이 된 이들 청소년과 여성들마저 담배를 멀리 한다 해도 담배 회사는 골초들을 희생양으로 담뱃값을 올리면 그만이다. 담뱃값이 오르더라도 니코틴에 중독된 골초들은 담배를 끊지 못한다는 것이 중론이다. 담배 중독은 마약 중독과 원리가 크게 다르지 않기 때문이다.

하지만 담배는 개인의 문제가 아니다. 굳이 미국에서만 한 해에 담배와 관련된 질병으로 사망하는 사람이 44만 명이라는 통계를 인용하지 않더라도 집안의 장래, 사회 전체의 경제 및 보건 문제와 직결돼 있고 생산성과 같은 국익 차원의 문제와도 관련이 있다.

미국 연방정부 소속 의료문제 후생연구기구(CDC)는 담배 한 개비가 생명을 7분 줄인다는 계산을 했다. 상대방에게 담배를 권하는 것은 "당신, 7분 빨리 죽으라"는 말과 다를 바 없다는 의미다. "담배 맛있습니까? 그거 독약입니다." 폐암으로 사망한 코미디언 이주일 씨가 금연 광고에 출연해서 했던 말이다.

만일 당신이 담뱃불을 들이대는 친구와 악수한다면 멍청한 짓이다. 그친구는 당신에게 독약을 권하며 빨리 죽으라고 재촉하는 것과 마찬가지이기 때문이다.

담배 끊기란 전쟁과 같다. 그런 의미에서 군에서 벌이고 있는 '담배와의 전쟁'이 승리로 끝나기를 바란다. 이제 병영은 더 이상 '금연 해방구'가 아니다.

기상 무기의 등장

지진이나 쓰나미와 같은 자연의 무지막지한 '횡포'에 대해 인간은 속수무책이다. 만약 인간이 이 자연재해까지 인공적으로 만들 수 있다면 어떤 일이 벌어질까. 이것은 핵폭탄에 버금가는 기상 무기의 등장으로 끔찍한 일이다.

할리우드가 이런 소재를 놓칠 리 없다. 숀 코네리가 광적인 기상학자로 나오는 〈어벤저〉와 악당들이 인공적인 해저화산으로 쓰나미를 만드는 〈블랙 스톰〉 등이 대표적이다. 스웨덴 국제평화연구소(SIPRI)는 1970년대에 이미 이 같은 인공적 재난의 가능성에 경고했다. 국제평화연구소는 미래의 전쟁 보고서를 통해 전리층과 해양 지진 등을 변조 무기로 사용할 경우의 위험성을 전 세계에 알렸다.

미국과 구소련 등을 포함한 세계 31개국도 1977년 5월 기상 무기를 금지하는 전문 10조의 조약에 서명했다. 이 조약은 인공의 폭풍과 해일, 기타 기상이변으로 적을 공격하지 못하도록 하는 협정안이다.

그렇다고 미국과 러시아, 중국 등 강대국들이 기상 무기 개발을 포기하는 것 같지는 않다. 단지 국제 협약 때문에 군사기밀로 숨긴 채 연구하고 있을 것으로 세계 과학자들은 추정하고 있다. 수십 년 전 이미 인공강우에 성공한 이들 국가의 기상 무기 연구 수준은 상당할 것이라는 게 중론이다.

기상이변이 발생하면 기상 무기 때문이라는 '음모론'도 심심치 않게 터진다. 미국과 사이가 나빴던 차베스 베네수엘라 대통령은 2010년 일어난 아이티 강진이 미국의 기상 무기에 의한 것이라고 공식 발표하기도 했다. 그러면서 2004년 쓰나미가 발생했을 때 해당 지역 미군 부대에는 높은 지역으로 대피하라는 사전 명령이 내려져 피해가 없었다는 영국 BBC 방송 내용을 그 근거로 내세웠다.

심지어 일부 음모론자는 중국 쓰촨 성 지진도 미군이 자기폭풍 연구 시설인 '하프'(HAARP)라는 고출력 고주파 위상배열 무선 송신기를 인공 자연재해 유발 시스템으로 악용해 일어났다는 주장을 하기도 한다. 더 나아가 백두산 지진 조짐도 북핵 제거를 겸해 중국에 타격을 주기 위한 기상 무기 작동의 영향이라는 황당무계한 주장까지 있다.

그러나 기상 변조 기술을 갖고 있는 강대국들은 모두 군의 주도 아래 연구를 진행하고 있다. 이는 비록 황당한 음모론 수준까지는 아니더라도 이들 국가가 기상 변조 기술을 언제라도 기상 무기화할 수 있는 가능성은 열려 있다는 것과 통한다.

그런 면에서 영화 〈스톰 체이서〉에 등장하는 미군 장군이 "기상 무기는 자연현상처럼 발생시키면 보복의 염려도 없다"고 하는 발언은 마치 미래의 전쟁을 말하는 것 같아 섬뜩하다. 우리 군도 기상 무기에 대해 관심을 가져야 할 필요가 있다.

세상을 바꾸는 군

인터넷 세상이다. '빠를수록 좋다'는 이데올로기로 무장한 인터넷 시장은 급격한 기술의 진보를 낳으면서 정보화 시대의 얼굴 역할을 하고 있다. 정보화 시대의 특성은 인터넷 주소의 머리 부분에 붙은 'http'의 의미에서 잘 읽을 수 있다.

'http'는 'Hyper Text Transfer Protocol'의 약자다. 하이퍼텍스트는 끈(link)들에 의해 연결된 일련의 텍스트들의 덩어리로 읽는 사람들에게 여러 가지 다른 경로를 제공한다. 즉 겹겹이 포개진 종이의 한쪽을 묶는 책과는 달리 하이퍼텍스트는 쪽에 해당되는 마디들이 사방에 흩어져 있고 이것들이 끈(link)들로 서로 연결돼 있다. 이에 따라 하이퍼텍스트에는 독자들을 여러 방향으로 이끄는 보이지 않는 끈들이 있다.

어느 끈을 선택할지는 전적으로 이용자의 마음대로다. 이 연결의 끈을 통해 검색이 가능하다. 무수히 많은 거미줄 같은 끈들을 통해 이용자는 온라인상의 정보를 얻게 되는 것이다. 한마디로 하이퍼텍스트는 전 세계의 정보 사이에 보이지 않는 끈들로 연결된 텍스트로 '다큐버스' (docuverse)라고 표현할 수 있다. 모든 문서가 긴밀하게 연결된 문서의 우주인 셈이다.

인터넷은 컴퓨터와 커뮤니케이션 기술의 혁명적 발전에 힘입어 세계적으로 정치 · 경제 · 사회 · 문화 등 모든 부분에 없어서는 안 될 필수품이 되었다. 인류 문명에도 엄청난 변화를 불러일으켰다.

인터넷의 시초는 1969년 미국 국방부가 적의 공격에 의해 통신망에 연결된 몇 대의 통제 컴퓨터가 파괴되더라도 다른 경로를 통해 정보 교환이 즉시 가능하도록 구축한 'ARPANET'(Advanced Research Project Agency NETwork)에서 시작됐다. 즉 군사적인 목적으로 만들어진 것이다. 그것이 세월이 흐르면서 민간으로 도입되고 인터넷이라 부르는 세계적인 규모의 그물망, 통신망이 된 것이다.

GPS(위성 위치확인 시스템)도 처음에는 군사 목적으로 만들어졌다. 미 국 방부가 1970년대 후반부터 군사 목적으로 개발해 실용화한 것이다. 이 시스템은 지구 궤도 20,200km 상공에 올린 총 24개의 인공위성을 이용 해 지상의 어느 지점이든 최소 4개의 위성이 24시간 관측할 수 있도록 해준다. 이처럼 이제는 군이 전쟁이 아닌 첨단 기술의 개발로 세상을 바 꾸는 시대다.

이런저런 군 이야기

군가와 응원가의 공통점

교가와 응원가, 군가는 공통점이 있다. 부르고 듣는 사람들의 단결심을 고취시킨다는 점이다. 합창하면 힘이 솟고 가슴이 뛴다. 프로야구 롯데 자이언츠 팬들은 '부산 갈매기'를 부르면서 롯데 팬으로서 일체감을 느낀다.

교가 역시 마찬가지다. '우리 학교가 최고'인 이유가 노래 가사에 다 들어 있다. 북악산이 됐든 삼각산이 됐든 간에 인근에 있는 가장 유명한 산의 정기를 다 이어받은 학교이니 최고가 아니면 오히려 이상하다.

하다못해 이름 없는 산이라도 학교 근처의 산이면 십중팔구 교가에 들어간다. 풍수를 좋아하는 우리나라 사람들은 자연의 힘이 인물을 키운다고 생각한다. 힘들게 어린 시절을 보냈던 전 기무사령관 중 한 명은 자신이 별을 단 것은 '논두렁 정기'도 아닌 '밭두렁 정기'를 받았기 때문이라고 말하기도 했다.

또 근처에 무슨 강이라도 있으면 바다를 향해 힘차게 흐르는 강처럼 '우리 학교'가 이름을 세상에 떨칠 수밖에 없다는 논리를 편다.

그러다 보니 명문 학교의 교가치고 유명한 산이나 강이 들어가지 않은

학교가 없다. 그나마 배재학교의 '배재학당 교가'가 예외라면 예외가 되겠다. 배재학교 교가는 1882년 배재학당을 설립한 아펜젤러 박사가 자신의 모교인 미국 프린스턴 대학 응원가에 가사를 붙여 만들었다. 이래저래 교가와 응원가가 엮여 있다는 증거가 되겠다.

음악이 지니고 있는 무서운 힘을 가장 효과적으로 이용한 것은 군가다. 수많은 행진곡과 군가는 젊은이들의 피를 끓게 했다. 돌격 나팔 소리는 적진을 향해 돌진하는 용기를 불러 일으켰다. 군대에서 단결심은 최고 덕목 가운데 하나다.

군에 갓 입대한 훈련병들에게 군대를 실감하게 해주는 것도, 힘든 훈련을 이겨내게 힘을 주는 것도 군가다. 훈련소에서 교관이 "전체 차렷! 반동은 상하 반동, 반동 준비" 하면 훈련병들은 악다구니 목소리를 내면서 잡념을 떨쳐내야 한다.

군의 '전문 싸움꾼'이라고 할 수 있는 특수부대원들도 크게 다르지 않다. "우리는 사나이다 강철의 사나이 / 나라와 겨레 위해 바친 이 목숨 / 믿음에 살고 의리에 죽는 사나이 / 나가자 저 바다 우리의 낙원 / 아! 사나이 뭉친 UDT / 이름도 남아다운 수중 파괴대." UDT 대원들이 훈련 중 부르는 군가 〈사나이 UDT〉의 노랫말이다. 대원들은 군가를 악을 쓰듯 불러대곤 하는데 군가 없이 어찌 극한의 고통을 견딜 수 있겠는가

군대는 군가를 통해 하나로 뭉친다. 상당수 나라의 국가가 군가에서 유래된 것은 이런 이유에서다.

미국의 국가인 〈별이 빛나는 깃발(The Star Spangled Banner)〉도 일종의 군가다. 상당수 사람들이 미국의 국가 제목을 행진곡 〈성조기여 영원

하라(Stars and Stripes Forever)〉로 잘못 알고 있다.

찬송가에조차 군가가 있다. "믿는 사람들은 주의 군대니"로 시작되는 찬송가는 제1차 세계대전 때 군가로 쓰이기도 했다.

미국 공수부대 상사 배리 새들러는 반전 분위기가 최고조에 달하던 시기에 〈그린베레의 노래(Ballad of the Green Beret)〉라는 노래를 만들어 발표했다. 이 앨범은 순식간에 수백만 장이 팔리면서 빌보드 차트 1위를 차지하기도 했다. 사회 분위기는 반전(反戰)이었지만 〈그린베레의 노래〉는 경쾌한 행진곡풍이면서 가사가 듣는 이들의 낭만 지향성을 자극한 것이 맞아떨어졌다.

어르신들이 과거 6·25 전쟁을 회상하며 부르는 군가는 〈전우의 시체를 넘고 넘어〉다. 약간 느리게 연주하면 러시아 군가풍이 된다는 논란에 휩싸이기도 했지만 내용은 비장하면서도 멜로디는 어딘지 모르게 경쾌하다.

서양에서는 클래식 정통 음악을 통해서도 애국심과 민족의식을 고취하고 영웅을 찬양해 왔다. 차이코프스키는 조국 러시아가 나폴레옹의 프랑스군을 물리친 1812년을 기념해 〈1812년 서곡〉이라는 작품을 만들었다.

우리 군에서도 〈진짜 사나이〉 등 군 장병들이 훈련 등 실생활에서 부르고 있는 군가를 친근감이 느껴지는 힙합, 댄스 등 여러 버전으로 새롭게 편곡해 보급했다. 신세대 취향에 맞춘 랩풍 군가까지 나왔다. 국가보훈처는 일본 제국주의에 맞서 싸우면서 부르던 독립군가를 힙합, 록, 발라드 등으로 편곡해 군부대에 보급하기도 했다. 안치환, 크라잉넛 등이 참여한 〈광복 60년 독립군가 다시 부르기〉 음반이 바로 그것이다. 이제는 클래식 음악이나 전통 음악에 접목한 군가도 나오지 않을까 싶다.

전쟁과 트로트

피카소의 〈게르니카〉처럼 상당수 예술 작품이 전쟁을 다루고 있다. 전쟁은 '전쟁문학'이라는 장르를 낳기도 한다. 전쟁의 유산 가운데는 노래도 포함된다. 많은 미군이 참전했던 만큼 미국의 컨트리 음악에는 한국전쟁의 흔적이 남아 있다.

당시 컨트리 음악은 한국전에 참전했던 시골 출신 미군들의 감성을 대변하는 측면이 있었다. 대표적인 것으로는 전쟁 막바지인 1953년에 발표된 〈미싱 인 액션(Missing in Action)〉이라는 컨트리 송이 있다.

'미싱 인 액션'은 전쟁에서 가족에게 전달하는 '실종 통고'를 말한다. 제목에서 짐작할 수 있겠지만 이 노래는 한국전쟁에서 적군의 포로가 돼잡혀갔다 구사일생으로 살아나 고향에 돌아왔으나 크나큰 아픔을 겪게되는 한 미군 병사에 관한 것이다.

고향으로 돌아온 이 병사는 부인이 다른 남자와 살고 있는 것을 발견하고 충격을 받는다. 부인은 남편이 전쟁에서 실종됐다는 통고를 받고 한참을 슬퍼하다 결국 재혼을 한 것이다. 남편은 끝내 자신의 생존 사실을 알리지 않은 채 고향을 떠난다.

'미싱 인 액션'은 시대는 다르지만 쿠르트 바일(Kurt Weil)의 반전 노래 〈병사의 아내(Soldier's Wife)〉를 연상시키기도 한다. 집에서 전쟁터에 나

간 남편을 기다리고 있는 아내에게 남편의 귀환 소식 대신 과부가 쓰는
검은 베일이 전해진다는 내용 부분이 그렇다.

고향의 여자 친구에게서 편지가 오기만을 학수고대하는 미군 병사의
이야기를 그린 노래도 있었다. 어니스트 텁(Ernest Tubb)이 1951년에 부
른 〈A Heartstick on Heartbreak Ridge〉이 그것이다. 이 노래는 서글
픈 기타 반주와 함께 불리면서 미군 병사들의 심금을 울렸다.

물론 전쟁의 당사자이면서 피해자였던 우리 국민들의 심금을 울렸던
노래가 없었을 리 없다.

한 병사가 전쟁터에서 고향의 부모님을 애달프게 그리워하는 내용의
〈전선야곡〉(1952년), 전사한 전우들을 애써 모른 체하고 눈물을 감추며
다시 전쟁터를 향해 전진해야 하는 병사들이 부르는 〈전우야 잘 자라〉
(1950년) 등이 대표적이다.

또 전쟁터에 나간 남편이 돌아오기만을 고대하는 아내의 마음을 읊은
〈아내의 노래〉(1952년), 발을 절며 인민군에 끌려가는 가족의 모습을 그
저 바라볼 수밖에 없었던 창자가 끊어질 것 같은 아픔을 회상하는 〈단장
의 미아리고개〉(1956년) 등은 민초들의 아픔을 대변했다.

흥미로운 것은 6·25 전쟁을 주제로 한 씩씩하고 우렁찬 노래들은 생명력이 짧았다. 대신 고향과 사랑하는 사람을 그리는 애잔한 곡조의 노래가 사랑을 받았다. 뒤집어 보면 전쟁 노래는 반전의 성격이 짙었다.

현인이 절제미 넘치는 스타카토 창법으로 부른 〈굳세어라 금순아〉(1953년)는 그런 면에서 색다른 노래였다. 〈굳세어라 금순아〉는 잿더미 속에서도 피난민들의 희망과 삶의 의지를 심어준 노래였다.

노래에는 역사의 한 토막이 녹아 있다. 그러나 전쟁을 노래한 가사가 듣는 사람의 심금을 아무리 울려도 전쟁 자체의 비극과 상처는 너무나 크다. 이제 이 땅에서 더 이상의 전쟁 노래는 없어야 한다는 데는 누구라도 공감할 것이다.

"보슬비가 소리도 없이 이별 슬픈 부산 정거장 / 잘 가세요 잘 있어요 눈물의 기적이 운다 / 한 많은 피난살이 설움도 많이 그래도 잊지 못할 판잣집이여 / 경상도 사투리의 아가씨가 슬피 우네 / 이별의 부산 정거장."(남인수의 〈이별의 부산 정거장〉, 1954년)

군견의 노후

군견(軍犬)은 '제3의 군인'이다. 군이 얼마 전부터 퇴역하는 군견들을 안락사 시키지 않고 노후를 끝까지 보살피기로 했다. 군은 퇴역 군견을 일반에 분양해 보다 안락한 노후를 보내게 하는 방안도 검토하고 있다고 한다. 군견과 동고동락하는 군견병이 아니라고 하더라도 참으로 반가운 일이다. 그동안 군견이 퇴역하면, 의학 실습용으로 기증되거나 안락사

시키는 게 군내 규정이었다. 군견은 통상 평균 수명이 2년 정도 남은 노견(犬)이 되면 현직에서 퇴역하게 된다.

사실 군견은 특별한 견공(犬公)이다. 핏속에 흐르고 있는 사냥 욕구를 주인이 아닌 국가를 위해 드러내는 존재이기 때문이다. 군에서는 군견을 계급이 없는 장비류로 취급한다.

세계 어느 곳에서나 중요한 군의 작전에는 군견이 등장하는 것이 다반사다. 미군의 오사마 빈 라덴 사살 작전에도 투입된 군견이 크게 활약했다. 빈 라덴 사살 작전에 투입된 군견 '카이로'의 경우는 가치가 4만~5만 달러에 달한다.

미국에서는 군견이 국가에 헌신하고 폭발물을 탐지해 미군의 생명을 살리는 공을 세운 개들이라는 이유로 자식처럼 '입양'하고 싶어하는 사람들이 줄을 서 있다. 해마다 300여 마리의 군견이 퇴역 후 민간에게 입양되고 있다.

미국도 군견이 2000년 이전까지는 열 살쯤 퇴역하면 대부분 안락사로 생을 마감했다. 그러다가 빌 클린턴 전 대통령이 퇴역견 입양 허용 법안에 서명하면서 군견들의 '노후'가 달라졌다.

한국군에도 '카이로' 못지않은 훌륭한 '견공'들이 많았다. 아프가니스탄 파병 부대에서 활약했던 폭발물 탐지견 '대덕산'과 '베이지'가 대표적이었다.

한국군 군견 가운데는 훈장을 받았던 사례도 있다. 1990년 강원 양구군 제4땅굴을 발견한 군견 '노도'는 훈장을 받은 것은 물론 죽어서도 이곳에 묻혔다.

군견 후보견들은 적격 테스트를 통과해야 10개월의 강도 높은 훈련을 받은 후 작전에 투입된다. 이 과정에서 테스트 합격률은 전체의 25퍼센트 정도에 불과하다. 과거에는 나머지 탈락견 대부분은 즉각 안락사 조치되거나 수의과 대학에 임상 시험용으로 기증됐다. 운이 좋아 살아남아 경비 보조견으로 활용되는 예도 있지만 이례적이었다. 탈락견을 사회로 배출하면 군견으로 둔갑해 '견(犬) 시장' 질서를 어지럽히면서 사기 등 부작용을 빚을 수 있어 그것을 방지하기 위해서라는 게 그 이유였다.

군은 군견을 매우 까다롭게 관리한다. 군견 관리 조항에는 '군견 막사 주위에 잡견이 있어서는 안 된다'는 항목이 있을 정도다. 먹는 것도 과자류와 잔반은 일절 금지되며 전용 사료만 먹여야 한다. 통상 국내산 사료로 아침과 저녁 하루 2끼를 먹는다.

군견은 적성과 능력에 따라 수색, 추적, 경계, 탐지 등 4가지 주특기 가운데 하나를 부여받는다. 생후 9~12개월이 되면 심사를 거쳐 6개월간 기본 교육을 거친 뒤 주특기별로 7개월 동안 훈련을 거듭한다.

군견이 장병들과 함께 설한지 추적 훈련을 하고 있다.

군견은 훈련소에서 매일 오전 8시부터 장애물 통과를 비롯해 폭탄 탐지, 헬기 레펠(헬리콥터에서 줄 타고 내려오기) 등 현역 군인 못지않은 강도 높은 훈련을 받는다.

임무를 마친 군견들은 평균 여덟 살이 되면 전역한다. 대부분이 오랜 훈련과 군 작전의 스트레스로 후각이 둔해지거나 체력이 약해져 더 이상 임무 수행이 어렵기 때문이다. 게다가 상당수 군견들이 오랜 군 작전의 스트레스로 관절염 등을 앓는 경우가 많은 게 현실이다. 그런 만큼 이들은 '제3의 군인' 대우를 받아야 마땅하다.

군 출신 국회의원

국민의 선택을 받은 국회의원 300명이 누리는 혜택은 장삼이사(張三李四)의 눈으로 봤을 때는 깜짝 놀랄 수도 있겠다. 국회의원 배지를 다는 순간 누릴 수 있는 권한과 혜택은 200가지가 넘는다고 한다. 당선자들이 달게 된 금배지는 은에 금도금을 해 가격이 몇 만 원에 불과하지만 이들이 누리는 경제적 혜택은 시쳇말로 남부러울 게 없다. 세비를 연봉 개념으로 따지면 1억 4천여만 원에 달한다. 국회의원에서 물러난 후에도 65세부터 매달 120만 원씩 연금 형태로 지원받는다.

각종 지원금도 만만치 않다. 모든 국회의원에게 매월 35만 800원의 차량 유지비와 110만 원의 차량 유류비가 지급된다. 사무실 전화 요금(30만 원)과 우편 요금(61만 원)으로도 매월 91만 원이 책정돼 있다. 지난해부터는 가족수당(매월 배우자 4만 원, 자녀 1인당 2만 원)과 자녀학비 보조수당

(분기별 고등학생 44만 6,700원, 중학생 6만 2,400원)도 신설됐다. 보좌진 고용 비용 등까지 고려하면 국회의원 1인당 지출되는 경비는 연간 5억 6천만 원 정도가 되는 것으로 알려졌다.

19대 국회 당선자 300명은 국가가 주는 많은 혜택과 경제적 보상, 사회적 명예를 누리면서 4년 동안 한국 권력의 중심지인 여의도를 무대로 활동하고 있다. 한마디로 한국에서 국회의원이 된다는 것은 인생의 성공과 함께 권력을 누리는 것을 의미한다.

권력(權力)의 '權' 자는 한자적 의미에서 '권세'를 뜻하기도 하지만 '저울'이라는 의미도 갖고 있다. 그렇게 해석하면 권력이라 함은 '힘(力)을 균형 있게 잘 저울질 하면서 다스린다'는 뜻도 된다. 이 경우 권력은 '권불십년'(權不十年)이 아니라 20년, 30년도 갈 수 있는 힘을 갖게 된다.

영관급 이상 군 출신 당선자가 19대 총선에서는 11명이나 배출됐다. 김영삼 정부 이후 최대 규모라고 한다. 게다가 10명 가운데는 당이 임명하는 전국구 의원보다 유권자가 직접 선택한 지역구 의원 숫자가 더 많다고 한다. 과거 정권에서 여야 구별할 것 없이 구색 맞추기식으로 국방 장관이나 고위 장성 출신들을 주로 전국구 의원 자리에 포진시킨 것과는 많이 달라 보인다. 그만큼 군 출신 의원들의 무게감이 커진 것이다.

독도함과 백두산 정계비

국방부를 출입하다 보면 '영토 수호'라는 말을 귀에 못이 박히도록 듣게 된다. 북한이 서해 북방한계선(NLL) 지역에서 긴장을 고조시키면 반드시 나오는 것이 "한 치의 빈틈도 없이 우리 영토인 NLL을 수호하겠다"는 결의에 찬 발언들이다.

군이 존재하는 목적 자체가 국민의 생명을 보호하고 국토를 지키는 것이니 당연하다 하겠다. 군인이 아닌 일반 민간인이라 하더라도 '영토 수호'에 적극 나선 사례는 과거 국난 극복에 나선 조선시대 의병이나 일제강점기의 광복군을 보더라도 많다.

나라의 영토를 지키는 데 있어서 조금만 안일한 생각을 하게 되면 그 후유증이 엄청나게 커지게 된다. '백두산정계비'(白頭山定界碑)의 탁본이 그 증거다.

백두산 정계비는 조선과 청나라 사이의 경계를 정한 사실을 기록한 비석이다. '백두산 정계비'는 조선 숙종 38년인 1712년 백두산 정상 동남쪽 4km 지점에 설치됐으나 1931년 만주사변 직후 사라지고 없다. 대신 지금은 정계비의 탁본만 남아 있다. 탁본에 남은 정계비의 내용에 따르면 조선과 청나라는 압록강과 토문강을 양국의 경계로 삼았다. 당시 국경 조사에서는 청나라 파견관 대표인 오자총관 목극동의 뜻대로 글자가 들어갔다. 여기에는 이유가 있었다.

조선도 국경 조사에 관리들을 파견했으나 당시 조선 측 대표였던 접반사 박권과 함경감사 이선부가 노쇠하다는 이유로 백두산 정상 등정을 포기하는 바람에 조선에서는 이의복 등 군관과 역관 6인만 정계비에 글을 새기는 데 참여했다. 결국 조선 파견단은 책임자가 없었던 탓에 청나라 목극동이 자신의 뜻대로 글자를 새기는 것을 수동적으로 지켜봐야 했다.

이후 청나라는 토문을 두만강으로 해석하고 간도가 자신들의 영토임을 주장하게 됐다. 급기야는 1909년 일본이 청나라와 간도협약을 맺고 철도 부설권을 얻는 대신 이곳을 청에 넘겨 중국 영토로 간주하기에 이르렀다. 만약 조선의 박권과 이선부가 청의 대표단과 함께 백두산 정상에 끝까지 올라 조선이 원하는 정확한 지명을 비에 새겨 넣었다면 어떻게 됐을까.

역사는 가정이 없다고 하지만 조선 고위 관료의 무책임한 행위가 아쉽기만 하다. 국방부는 국방백서를 통해 독도에 대한 영유권 수호 의지를 강력히 표현하고 있다. 백서는 "우리 군은 서북 5개 도서와 마라도 · 울릉도 · 독도 등을 포함하는 동 · 서 · 남해안의 우리 영토를 확고히 수호하기 위해 만반의 대비 태세를 갖추고 있다"고 서술하고 있다.

그 의지의 표현으로 독도 근해에서 실시한 '독도 방어 훈련' 사진이나 아시아 최대 수송함 독도함의 훈련 모습까지 싣기도 한다. 독도가 국방백서에 소개되는 것이 어찌 보면 사소한 것처럼 보일지 모르지만 이런 것들이 모여 역사의 증거물이 된다. 소극적인 자세로 영토 문제를 놓고 상대국에 끌려 다녔던 간도의 전철을 다시 밟아서는 안 된다는 점에서 더욱 그렇다.

한반도 비핵화

지도자에도 여러 종류가 있다. 가장 많은 지도자의 유형이 등장하는 무대는 중국의 고전 《삼국지》다. 동탁은 여기서 '파괴의 지도자'다. 그는 공포정치로 중원을 통치하다가 양자로 삼은 여포의 방천극(方天戟)에 유명을 달리했다. 동탁은 주지육림에 빠져 비만했던 것으로 알려졌다.

그 때문인지 지금은 고인이 된 고우영 화백이 연재만화에서 죽은 동탁의 배 위에 양초 심지를 꽂았더니 뱃살의 기름 때문에 며칠 동안 탔다고 표현하기도 했다. 북한의 지도자들도 동탁과 같은 유형인 듯싶다. 적어도 공포 정치를 펼치고 있다는 면에서 그렇고, '인민'이야 초근목피(草根木皮)로 연명하든 말든 최고급 요리를 즐기고 있으니 말이다.

세계에서 가장 급성장하는 지역인 동북아가 북한의 지도자들로 인해 불안정해지고 있다. 일본은 북한의 핵실험을 틈타 군국주의 부활과 함께 핵무장 조짐까지 보이고 있다.

북한의 핵실험으로 우리 정부로서는 북한에 대한 유엔의 제재와 미국이 제공하는 핵우산 의존도가 점차 더 커지고 있는 형국이다. 유엔이 미국의 독무대나 다름없다는 점을 감안하면 한국 안보의 대미 의존도는 더 늘어났다고 해석할 수 있다. 하지만 국제 현실은 냉혹하다.

영국 공영방송 BBC가 제작한 독일의 통일 과정 다큐멘터리를 보면 콘돌리자 라이스 전 미 국무장관은 미국의 안보 보좌관으로 등장한다. 그가 구소련의 최고위층과 나누는 대화는 충격적이다. 두 사람은 동독을 마치 슈퍼마켓 할인 판매 물건처럼 취급한다. 소련 고위 장성이 "독일을 바겐세일에 넘길 수 없다"고 하자 라이스가 "그렇게 할 수밖에 없을 것"이라고 답한다. 독일 같은 나라조차 떨이로 나온 물건 취급을 하는 '슈퍼파워'들의 오만함이 여실히 드러난다.

실제 한국에서 전쟁이 일어난다면 적어도 한반도 내에서 승자는 없다. 과거 한국전쟁의 승자 역시 미국이나 남한, 북한, 중국, 소련도 아니었다.

유일한 승리자는 일본이었을 뿐이었다.

한 가지 원칙은 분명하다. 수려한 삼천리강산은 반드시 비핵화해야 한다는 점이다. 북한이 보유했으므로 우리도 방어용으로 가져야 한다는 것은 위험한 발상이다. 핵으로 무장한 남북한의 통일을 누가 환영할 것인가. '할인 판매' 해도 불가능하다. 대북 문제에서 그것이 유화책이든 강경책이든 최종 목표는 한반도에서 핵무기를 소멸시키는 것이다.

한국전쟁 비사

마오쩌둥(毛澤東)의 장남 마오안잉(毛岸英)은 김일성이 하사한 달걀 때문에 전사했다. 국방부 6 · 25 기념 사업단이 해외에서 수집한 전쟁 자료에 나오는 내용이다.

6 · 25 전쟁 전 북한 김일성은 중국 마오쩌둥에게 전쟁 개시를 알리지 않았다. 이 때문에 마오쩌둥은 외신을 보고 전쟁 발발 사실을 알았다. 마오는 김일성을 "괘씸한 놈"이라고 하면서 집무실에서 의자를 집어 던졌다고 한다.

마오쩌둥의 장남인 마오안잉은 1950년 11월 25일 북조선 석주시에 인접한 대유동의 중국인민지원군 사령부가 미군 폭격기에 공격당하면서 28세의 젊은 나이에 사망했다.

김일성은 중국군 사령부 참모 겸 러시아어 통역관으로 참전한 마오안잉에게 전쟁터에서 진귀한 음식인 달걀을 특별히 선물했다. 마오안잉은 새벽녘에 규율을 위반하고 불을 지펴 김일성이 선물한 달걀로 볶음밥을 만들다 미군 폭격기가 투하한 응고연소폭탄 공격으로 까맣게 타버렸다. 중국의 '대(對) 북조선 기밀 파일'은 마오안잉의 사망 원인이 볶음밥 요리를 위한 불꽃 때문이라고 직접 서술하고 있지 않지만 그랬을 가능성을 강하게 시사했다.

북한군 포로에 대한 이색적인 기록도 있다. 북한군에게 포로로 잡힌 영국군 피라 호커리 대위는 압송 중에 무려 7차례나 탈출을 시도했던 것으로 밝혀졌다. 호커리 대위는 종전 후 포로 교환으로 석방됐고 영국으로 돌아간 후 육군 대장 자리에까지 오른 후 전역했다.

미 B-29 조종사였던 시어도어 R. 해리스 대위는 포로 생활 10개월 동안 하루 10시간씩 무릎이 가슴까지 모아지는 상자 감옥 생활을 하고도 북한군이 자신에게 '세균전 시행자'라고 포로 교환 서류에 기재했다는 이유로 송환을 거부해 북한이 수갑을 채워 강제로 남쪽으로 송환했다.

한미 합동 특수첩보부대인 네코 부대(6006부대)는 적진에 침투해 미그 15기 주요 부품을 탈취했는가 하면 포로수용소에 잠입해 미군 포로 명단을 확보하는 활약을 펼쳤다.

교전규칙

교전규칙(Rules of Engagement, ROE)이란 군대가 교전을 시작하고 지속해야 할 상황과 한계를 설정하기 위해 발령된 훈령을 의미한다. 즉 언제, 어떠한 경우에, 어느 정도의 무력을 사용할 수 있는지를 정해 놓은 군 내부의 명령이다.

교전규칙은 평시교전규칙과 전시교전규칙으로 구분된다. 한반도는 정전 상태이므로 한국군에 적용되는 교전규칙은 정전교전규칙과 전시교전규칙으로 나뉘어져 있다.

정전교전규칙(Armistice Rules of Engagement, AROE)의 목적은 정전협정을 유지하고 북한의 침략을 저지하는 임무를 지원하는 데 있다. 정전교전규칙에 따른 무력 사용은 적성(declaration hostility)이 선포된 적군이나 항공기 등 장비에 대한 경우와 자위권(sel-defence) 행사를 위해 필요한 경우 등 두 가지로 제한돼 있다.

적성 선포의 절차와 요건, 자위권 행사의 구체적인 요건과 범위를 규정한 정전교전규칙은 적군이 알아서는 안 되기에 2급 비밀로 분류돼 있다. 적성 선포 권한을 갖고 있는 직위 등도 비밀로 정해져 있다.

정전교전규칙에 의한 자위권 행사도 지휘관이 적절한 행사를 하기 위해서는 '필요한 만큼의 무력을 사용' 하는 필요성 원칙과 '적대 행위의 정도에 비례한 무력을 사용' 하는 비례성의 원칙을 지켜야 한다. 그러나 '필요한 만큼' 이라든지 '비례해서라든지' 의 정확한 정량적 측정이 애매한 부분이 있어 국지적인 남북간 군사적 충돌이 발생할 때면 그 대응 수준을 놓고 군사적 측면보다는 오히려 정치적 측면에서 논란이 되기도 한다.

전시교전규칙(Wartime ROE, WROE)은 실제로 남북간 무력 충돌이 발생한 경우에 적용된다. 그 구체적인 내용은 유엔사 · 연합사 작계에 따르고 전시교전규칙은 유엔사 · 연합사령관에 의해 발령된다.

교전규칙은 미리 정해 놓은 훈령이다 보니 실제 발생할 수 있는 모든 우발적 상황에 대해 완벽하게 적용하기 힘든 약점이 있다. 이런 문제를 해결하기 위해 정전교전규칙의 경우 본문 이외에 수많은 추가 조치를 미리 규정해 놓고 있다. 우발 상황이 발생하면 지휘관들은 지휘 계통을 통해 유엔사·연합사령관에게 추가 조치의 시행을 건의하고 승인을 얻어 이를 수행할 수 있다.

국방부 취재기자

북한의 이상 동향과 기자의 사생활

국방부 출입 기자들의 사생활은 북한의 이상 동향으로 깨지는 경우가 매우 잦다. 오죽하면 한 국방부 당국자는 "국방부 기자단에, 국방부 출입 기자를 하고 있는 동안에는 결혼을 하지 말아 달라고 요청해야 할까보다"라고 농담을 하기도 했다.

KBS의 국방부 출입 기자는 결혼식 전날 천안함 사건이 일어나 순간 '패닉'에 빠졌다. 그의 낭패감은 말할 수 없을 정도였다. 결혼식 하루 전날 부랴부랴 주례 선생님을 다시 구해야 했기 때문이었다. 당시 김태영 국방장관은 총각 기자의 요청을 흔쾌히 받아들여 그의 주례 선생님으로 예약된 상태였다. 김 장관은 천안함이 침몰해 해군 장병 수십 명이 희생당한 마당에 세월 좋게 주례를 설 수는 없는 형편이었다.

김모 기자는 부랴부랴 '주례 대타'를 구해야 했다. 말이 그렇지 그게 쉬울 리 만무했고, 겨우겨우 현직에서 은퇴한 대선배 기자를 주례로 모시고 결혼식을 치렀다.

북한에서 일어나는 돌발 상황은 안보 부처 출입 기자의 사생활로까지

미 국방부을 방문했을 때의 지은이

이라크 아르빌 자이툰 부대 기지 안에 있는 성당 앞에서 국방부 기자단이 부대원들과 함께 기념촬영하고 있다.

불똥이 튀는 것이 다반사다. 나 역시 3년 전 '김정일 북한 국방위원장 사망'의 불똥으로 정신적, 물질적 피해를 입은 경험이 있다. 겨울 휴가 첫날, 첫 휴가지에 도착하자마자 휴가가 전격 취소됐으니 말이다.

모처럼 가족과 함께 휴가를 보내려던 계획은 산산조각이 나고 말았다. 후유증도 만만치 않았다. 왕복 기름 값뿐만 아니라 예약 취소 페널티까지 등등. 게다가 가족들의 실망감은 이루 말할 수 없었다.

당시 통일부를 출입하는 한 방송사의 모 기자 역시 휴가 첫날 출입처로 복귀해야 했다.

김정일 사망의 불똥은 각 언론사의 신년 기획으로까지 튀었다. 몇몇 언론사는 김정일 국방위원장이 이끄는 북한을 포함한 '한반도의 2011년'을 전망하기 위해 세계적인 전문가와 어렵게 인터뷰까지 했는데 모두 '헛발질'이 되고 말았다.

한국 언론사뿐만이 아니었다. 중국 베이징에서 열리는 제3차 북미 회담 취재를 준비했던 일본 언론사들은 금전적 피해까지 입었다. 기자들이 취재를 위해 베이징행 비행기 표를 샀는데 바로 다음날 회담이 취소됐기 때문이다. 이들 언론사들은 베이징 현지 호텔도 다 예약하고 숙박료까지 이미 낸 상태였다. 그러나 호텔비는 환불 받기가 사실상 불가능했고 다른 수단을 통해 간접적으로 보상받는 방법밖에 없었다.

1번 어뢰의 비밀

국방부를 출입하면서 여러 단독 기사를 썼지만 그중에서도 2010년 5월 19일자에 천안함 민군 합동조사단이 백령도 해상에서 수거한 어뢰 파편에 '1번'이라는 한글이 쓰여 있었다고 특종 보도한 것이 기억에 많이 남는다.

이 보도가 나가자 국방부 기자실은 뒤집어졌다. '1번 어뢰'는 조사단의 핵심적인 조사 결과였기 때문이었다. 당연히 기자들은 내가 쓴 기사의 진위 여부를 확인하기 위해 백방으로 뛰었다. 그러나 조사단은 물론 군 고위층들도 철저하게 입을 다물었다. 그도 그럴 수밖에 없었던 것이 한글이 쓰인 어뢰 파편이 발견됐다는 사실에 대해 군 고위층들도 극히 일부 인사를 제외하고는 모르고 있었기 때문이었다.

그러던 중 국방부 출입 기자들은 조사단의 조사 상황에 대해 정통한 군 고위 인사를 용산 국방부 청사 현관에서 만났다. 기자들은 우르르 몰려가 "한글이 쓰여 있는 어뢰 파편을 발견한 게 맞습니까"라고 물었다. 그 인사 역시 함구로 일관했다. 그러면서 국방부 청사를 빠져나가 승용차에 오르려 했다.

이때도 기자들의 집요한 질문이 이어졌다. "한글 맞아요?" "몇 글자입니

223

오보와 숱한 논란을 낳았던 천안함 '1번' 어뢰

까?' 어떤 의미에서 넘겨짚기식 질문이었다. 그러자 그는 딱 한마디만 남기고 승용차를 타고 청사를 빠져 나갔다. 그가 남긴 한마디가 "한자야"였다. 그가 말한 '한자'의 의미는 한글이 어뢰에 '한' 글자 표기돼 있다는 의미였다.

그것은 정확한 대답이다. 왜냐하면 어뢰 추진체에는 아라비아 숫자 '1'과 한글 '번'이 쓰여 있었기 때문이다. 아라비아 숫자도 한 자, 한글도 한 자 있었던 것이다.

그러나 모 언론사의 국방부 출입 기자는 국방부 고위 인사의 대답을 한글 '한 글자'가 아닌 중국 '한자'(漢字)로 잘못 알아들었다. 그리고는 잘못된 기사를 봇물처럼 쏟아냈다. "민군 합동조사단은 지난주 백령도 해상에서 수거한 어뢰 파편에 (중국) '한자'가 표기된 사실을 근거로 이 어뢰가 중국제 '어(魚)-3G' 음향 어뢰로 사실상 결론낸 것으로 알려졌다"고 말이다. '魚'는 중국 해군이 보유한 대표적인 어뢰 종류의 명칭이었다.

이 기자는 또 "군 고위 관계자가 어뢰 파편에 한글이 적혀 있다는 일부 언론 보도에 대해 '어뢰 파편에 한글은 적혀 있지 않다'면서 '나머지는 확인해 줄 수 없다'고 말했다"고 기사를 써서 보냈다.

한발 더 나아가 오보는 중국제 '魚' 어뢰 시리즈 보도로 이어졌다. 중국은 러시아제인 'ET-80A'를 토대로 '어-3G'를 개발한 것으로 군과 방위산업계는 분석했다는 기사도 나왔다. 다른 몇 개 언론사들은 이 보도를 받아서 오보를 재생산했다. 사실 이런 기사는 자칫 외교 문제가 될 수 있는 소지가 있었다. 북한 잠수함이 중국 어뢰를 사용했다는 증거가 없는 상황에서는 중국 잠수함에서 중국 어뢰를 쏴 천안함을 침몰시켰을 가능성이 있다는 확대 해석으로 연결될 수 있었기 때문이다. 중국 정부의 강력한 항의로 이어질 개연성이 있었던 것이다.

'1번 어뢰'의 비밀을 확인하는데 실패한 모 신문은 다음날 아침에 1면 톱기사로 오보를 내기도 했다. 그래픽 컬러 사진까지 곁들여서 '일번'은 어뢰의 제조 내역을 추정할 수 있는 고유의 '일련번호'라고 보도했다. 한마디로 '1번'이 일련번호의 약자인 '일번'으로 둔갑한 사건이었다.

또 다른 매체는 천안함 합동조사단이 어뢰 파편에서 발견된 '일번', 즉 '일련번호'를 북한의 글씨체와 동일하다고 판단하고 북한의 어뢰에 의해 천안함이 침몰했다는 결론을 도출한 것으로 알려졌다고 보도하기도 했다. 거기에는 "북한군이 정비 차원에서 프로펠러 부분에 생산 연도와 일련번호 또는 해당국의 고유 표식을 한다고 전문가들은 설명했다"는 친절한 안내가 곁들여져 있었다.

이 과정에서 보다 못한 청와대 고위 관계자가 한밤중에 기사를 잘못 내보낸 언론 매체의 기자에게 전화를 걸어서 오보를 잡아주는 해프닝이 벌어지기도 했다.

중국군의 언론플레이

한국의 국방장관이 수년 전 중국 베이징에서 남쪽으로 200여 킬로미터 떨어진 창저우 공군 비행 시험 훈련기지(창저우 공군 비행시험 훈련연구원)를 방문, 중국군의 최신형 전투기 J-10의 시험 비행을 참관했을 때의 일이었다.

국방장관은 J-10 기지를 찾기에 앞서 6·25 전쟁 때 참전했던 중국군 부대인 '경위 3사단'을 방문해 각종 시범 훈련을 참관했다. 베이징 교외에 위치한 '경위 3사단'의 전신은 6·25 전쟁 당시 강원도 홍천 오성산 전투를 비롯해 원산, 금강산 전투 등에 중공군 70사단 예하 부대로 참전한 바 있다. 1974년 이후부터 '경위 3사단'은 외국 VIP들에게 각종 시범을 보여주는 '외국 VIP 방문 단골 부대'였다.

한국의 국방장관은 부대 역사 브리핑을 들은 뒤 "과거엔 적이었는데 지금은 친구가 되었군요"라고 말했다. 그런데 만약 베트남 국방장관이 한국을 찾는다면 우리는 베트남 전쟁 때 베트콩 섬멸에 앞장섰던 '맹호부대'를 참관하도록 할까. 아마도 베트남군의 기분을 고려해 그렇게 하지 않았을 것이다.

중국군은 1999년 7월 27일 한국 국방장관이 사상 처음 중국을 방문했을 때도 6·25 전쟁에 참전했던 중국군 최정예 부대를 사열하고 참관하도록 했다. 당시 국방장관이 방문한 이 부대는 육군 난징(南京)군구 산하 20군 179여단이었다. 1937년 창설된 이 부대는 6·25 당시 중공군 제3야전군 20군 60사단 179연대였다. 60사단은 중국의 군 병력 감축 계획에 따라 179여단으로 축소됐다.

179여단의 전신인 중공군 60사단은 1951년 5월 현리 전투에서 한국군 3군단을 붕괴시킨 부대다. 3군단은 그 충격으로 일시 해체됐다가 나중에 다시 만들어지게 된다.

공교롭게도 중국군이 참관토록 한 부대들이 모두 6·25 때 한국군을 난타하면서 위기에 빠뜨렸던 과거를 갖고 있었다. 이는 마치 중국 측이 한국 국방부 방문단에게 "니들 까불지 마라. 6·25 때도 우리한테 많이 당했지. 앞으로도 까불면 다쳐"라고 말하는 것으로 해석할 수도 있는 문제였다.

당시 천빙더 중국인민해방군 총참모장은 국방장관과의 면담에서 미국을 맹비난하기도 했다. 또 량광례 국방부장은 미국의 대만에 대한 무기 판매를 비난했을 뿐만 아니라 남중국해 문제를 집중 거론하면서 계속 한국의 최고 동맹국인 미국을 비난했다. 이는 한마디로 중국군 수뇌부의 '의도적 결례'였다.

천빙더는 한국의 국방장관을 면전에 놓고 일부러 한국 기자들을 회담

중국군의 의전을 받고 있는 김관진 국방장관

장에 들어오게 한 후 미국과 한국 정부에 메시지를 전하기 위해 한국 언론을 이용했다고 볼 수 있었다. 중국은 1999년 첫 한중 국방장관 회담 이후 1, 2명 정도의 취재기자는 허용하면서도 대규모 한국 기자단의 양국 국방장관 회담 취재 방문은 일체 허용하지 않았다. 그러다가 12년 만에 한국 기자단의 방중을 허가했던 것인데, 결과적으로 한국 언론을 이용하려 했던 것이다. 한국 언론은 '중국의 무례'를 제목으로 1면에 한국 국방장관 면전에서 일어난 중국의 미국 비난을 대서특필했다.

중국은 한국 국민들에게 자신들이 보내고 싶은 메시지도 전달했다. "한국의 최우방인 미국이 주한미군 기지 이전 등을 포함한 현안 이슈에서는 일방적인 태도를 취하고 있다. 이는 대만에 무기를 판매하지 말라는 중국의 요구를 들어주지 않은 것과 무엇이 다르다는 것이냐'고 반문한 것이다. 한마디로 미국과 아무리 친하다 한들 결국 미국 정부의 이해관계에 따라 한미 관계가 정립될 수밖에 없다는 점을 잘 파악하고 '중국과 친하게 지내는 게 너희 한국에게 실리가 될 뿐더러 정신 건강에도 유익하다'는 논리를 외교 관례를 무시한 채 작심하고 설파한 것이다.

이런 일련의 과정만 보면 무척 열 받는 일이었지만 이에 앞서 중국의 전술에 휘말리지 않는 고단수의 대응이 필요하다는 것을 한국 정부는 물론 기자들에게 깨닫게 해준 사건이었다.

블랙이글과의 인연

공군 특수 비행 팀 '블랙이글'의 T-50 8대가 일사불란하게 움직이며 다양한 편대 비행을 연출하고, 파란 하늘을 도화지 삼아 갖가지 무늬도 그리는 모습은 언제 봐도 멋있다. 시속 740km로 비행하는 항공기들은 단 1초의 오차도 용납하지 않는다. 항공기가 지나간 자리엔 네 줄의 하얀 무지개가 나타난다. '칼립소 기동'이니 하는 전문적 용어를 몰라도 아찔한 묘기를 즐기다 보면 저절로 블랙이글의 팬이 된다.

블랙이글의 고난이도 비행 기술 30여 개의 기동은 실제 전투기 대대에서 쓰이는 전투 기동을 응용한 것이라고 한다. 서커스단의 곡예처럼 단순한 묘기를 보여 주는 곡예비행과는 다른 실전 비행 기술이다.

블랙이글이 환상적인 에어쇼를 선보일 때마다 마음이 뿌듯하다. 개인적으로 블랙이글의 기종인 T-50과는 인연이 있다고 생각하기 때문이다.

T-50을 블랙이글의 기종으로 택하자고 공군에 처음 제안한 사람이 나였다. 2006년쯤으로 기억하고 있는데 당시 공군참모총장과 국방부 기자단의 점심 식사를 겸한 간담회가 있었다. 그때 나는 T-50을 블랙이글의 기종으로 선택하면 일석이조의 효과가 있다고 공군 총장에게 건의했다. 최신형 기종을 선택함으로써 블랙이글 조종사들의 안전을 도모하고 T-50의 홍보 효과까지 거둘 수 있다고 설명했다. 그러자 공군 총장은 "좋은 아이디어"라며 "적극 추진하겠다"고 대답했다.

실제로 나의 제안을 따라서였는지, 아니면 다른 배경이 있었는지는 모르겠지만 어찌 됐든 나의 바람은 이뤄졌다. T-50을 개량한 T-50B는 스모크 장치까지 기체에 내장한 블랙이글의 기종이 됐고, 해외 에어쇼에서 기량을 맘껏 선보이며 멋진 홍보 효과를 거뒀다. 이제 블랙이글은 한국 공군의 우수성을 전 세계에 알리면서 T-50의 해외 수출을 위한 전략적

공군 특수 비행 팀 '블랙이글'의 인상적인 기동

도구 역할까지 하고 있다.

과거 T-50이 등장하기 전까지 블랙이글은 해외 에어쇼에 참가하고 싶어도 하지 못했다. 블랙이글 조종사들은 뛰어난 기량을 갖추고도 해외 에어쇼에 가면 다른 나라 항공기 뒷자리에 앉아서 비행 체험만 해야 했다. 과거 블랙이글 기종으로 사용하던 'A-37B'는 미국산으로 허가 없이 분해나 조립을 할 수 없어 에어쇼 참가가 불가능했기 때문이다.

'돈' 문제도 해외 에어쇼 참가의 가장 큰 걸림돌이었다. 항공기를 분해한 후 화물기로 실어 재조립하는 과정에서 들어가는 수송비와 조종사들의 현지 체류비 등으로 수십억 원이 들기 때문이다.

이제 상황은 달라졌다. 블랙이글은 세계적으로 유명한 국제 에어쇼에 참가해 맘껏 기량을 뽐내고 있다. 그 효과는 수출로 이어지고 있다.

T-50 기종은 이미 인도네시아에 16대를 수출하기로 해 한국을 항공기

수출국 대열에 올려놓았다. 이제는 블랙이글의 국제 에어쇼 무대 활약으로 T-50은 전 세계 구매자들로부터도 많은 관심을 이끌어 내고 있다.

블랙이글의 전신은 '블루사브레'다. 공군은 1962년 F-86 4대로 특수 비행 팀을 만들었다. 1967년에는 항공기를 F-5A로 바꾸면서 현재와 같은 블랙이글이라는 이름을 쓰기 시작했다. 이후 기종은 A-37로 교체됐고, 2009년 국산 초음속 훈련기인 T-50B로 다시 바뀌었다.

블랙이글의 경쟁자들은 미국 공군의 선더버드와 해군의 블루엔젤스, 러시아 공군의 러시안나이츠 등 굴지의 비행 팀들이다.

'하늘의 예술가'로 불리는 블랙이글의 조종사들은 공군 최고의 실력을 갖추고 있다. 블랙이글과 같은 특수 비행 팀의 기량은 단순한 볼거리를 넘어서 그 나라 공군력의 척도로 평가받는다. 이 때문에 특수 비행 팀의 구성원은 최고의 조종사들로 이뤄지는 게 통례다.

무한 경쟁 시대에 블랙이글의 조종사들은 세일즈맨의 역할까지 겸하고 있다고 봐도 무방하다. T-50의 해외 수출 첨병 역할을 하기 때문이다. 이들은 음속을 넘나드는 속도로 비행하는 항공기들을 아슬아슬하게 교차시키면서 생명을 담보로 한 고난도 기술을 구사한다. 조금 과장되게 얘기하자면 블랙이글 조종사들은 목숨을 건 T-50 세일즈맨들이라고도 할 수 있다.

T-50은 1대당 수출 단가가 250억 원 정도로, 50만 원 가격의 휴대폰 5만 대, 중형 승용차 1,250대를 수출하는 경제적 효과를 거둘 수 있다. 또 최첨단의 과학기술 제품으로서 T-50은 중량(kg)당 가격(1만 원)이 자동차의 440배에 달한다. 그런 만큼 T-50은 경제적 부가가치와 새로운 수출

상품으로서의 중요성이 매우 크다.

  문제는 국제 방위산업 시장에서 한국산 항공기 수출 경험이 일천하고 대외 신뢰도가 그다지 높지 않다는 '현실의 벽'이다. 이 난관을 뚫으려면 대부분 선진국이 장악하고 있는 방위산업 시장에서 우리가 비집고 들어가도 성공할 수 있는 틈새시장을 노려야 한다. 전문가들은 T-50 고등 훈련기 뿐만 아니라 F-5 전투기를 대체할 전투기 시장에 T-50을 공격형 전투기로 개발한 FA-50을 투입할 것을 제안하고 있다. 즉, 훈련기 시장과 경공격기 시장을 동시에 노리라는 것이다.

  T-50 수출을 위해서는 이미지 메이킹이 매우 중요하다. 세계 시장에서 한류를 앞세워 우리 상품의 수출을 확대하고 있듯이, 항공기 시장에서도 T-50이 자연스럽게 회자되면서 수출로 이어져야 하는 것이다. 그런 면에서 블랙이글은 우리 기술로 만든 날개를 달고 전 세계 에어쇼 현장을 누비며 국산 초음속 항공기의 우수성을 알리는 홍보 대사 역할을 톡톡히 하고 있다.